W0265334

**Le S.H.E.M.©**

**Catalogage avant publication de Bibliothèque et Archives nationales du Québec et Bibliothèque et Archives Canada**

Fioravanti, Giulio, 1956-
Le S.H.E.M. : self healing epigenetic magnetism : activez votre capacité d'autoguérison par le magnétisme épigénétique
Comprend des références bibliographiques.
Texte en français seulement.
ISBN 978-2-89436-511-3
1. Autothérapie. 2. Épigénétique. 3. Esprit et corps. I. Titre.
RA776.95.F56 2014 613 C2014-940694-0

*Nous reconnaissons l'aide financière du gouvernement du Canada par l'entremise du Fonds du livre du Canada (FLC) pour nos activités d'édition.*

*Nous remercions la Société de développement des entreprises culturelles du Québec (SODEC) pour son appui à notre programme de publication.*

*Gouvernement du Québec – Programme de crédit d'impôt pour l'édition de livres – Gestion SODEC.*

Infographie de la couverture : Marjorie Patry
Mise en pages : Josée Larrivée
Révision linguistique : Anne-Marie Quesnel
Correction d'épreuves : Audrey Faille

Éditeur : Les Éditions Le Dauphin Blanc inc.
Complexe Lebourgneuf, bureau 125
825, boulevard Lebourgneuf
Québec (Québec) G2J 0B9 CANADA
Tél. : 418 845-4045 Téléc. : 418 845-1933
Courriel : info@dauphinblanc.com
Site web : www.dauphinblanc.com

ISBN version papier : 978-2-89436-511-3
ISBN version numérique epdf : 978-2-89436-512-3
ISBN version numérique epub : 978-2-89436-513-7
ISBN version numérique mobi : 978-2-89436-514-4

Dépôt légal : 2e trimestre 2014
Bibliothèque nationale du Québec
Bibliothèque et Archives Canada
Données de catalogage disponibles auprès de Bibliothèque et Archives nationales du Québec.

© 2014 par Les Éditions Le Dauphin Blanc inc.
Tous droits réservés pour tous les pays et pour toutes les langues.

Imprimé au Canada

***Limites de responsabilité***
*L'auteur et la maison d'édition ne revendiquent ni ne garantissent l'exactitude, le caractère applicable et approprié ou l'exhaustivité du contenu de ce programme. Ils déclinent toute responsabilité, expresse ou implicite, quelle qu'elle soit.*

Giulio Fioravanti

# Le S.H.E.M.©

## Self Healing Epigenetic Magnetism

Activez votre potentiel d'autoguérison par le magnétisme épigénétique

Le Dauphin Blanc

# Table des matières

# Avertissement

En médecine douce ou alternative ou encore non conventionnelle, nous entendons souvent parler de médecine énergétique, de traitement en énergie ou de soins énergétiques. Cela crée une certaine confusion dans l'esprit de la plupart des personnes, que celles-ci croient ou non aux principes mêmes du fonctionnement de ces techniques. En effet, et ce depuis plusieurs dizaines d'années, la science nous a éclairés d'une façon indubitable sur les notions d'énergie. Elle nous permet aujourd'hui, nous les praticiens en « soins énergétiques », d'être beaucoup plus efficaces dans nos techniques. Quel est cet éclairage apporté par la science ?

C'est assez simple. Ce que nous appelons « énergie » est simplement le support, le véhicule d'une information. Un peu comme une onde radio qui véhicule de l'information audible par un récepteur. Sans onde, pas d'audition, donc pas de transport de l'information. De ce fait, quand nous parlons de l'état vibratoire d'une personne, c'est l'information qui est dégagée par cette personne que nous percevons au travers d'un support qui est la vibration émise par cette personne. Quand nous passons un scanneur et qu'une tumeur est détectée, la vibration émise pour la tumeur est chargée d'une information, de son état, etc.

Il serait plus approprié de parler de médecine informationnelle ou de traitement de l'information et de savoir que lorsqu'un praticien travaille avec les « énergies », il transmet de l'information véhiculée par celles-ci.

Chacun de nous émet d'ailleurs des informations captées par nous-mêmes et c'est cette information qui peut aussi modifier notre état de santé.

De plus, il faut distinguer deux systèmes bien différents dans ce véhicule. L'onde nue, que j'appelle le « transporteur » et la « gaine » d'influence, teinte l'information. Pour l'illustrer, je donne un exemple simple : si je suis en colère et que je dis « je t'aime » à la femme de ma vie, il est fort probable qu'elle ne reçoive pas ce message comme je souhaiterai qu'elle le reçoive. Explication des trois éléments : l'énergie qui véhicule l'information ; la gaine entoure l'onde et qui dans ce cas est la colère vient teinter l'information ; le message « je t'aime ». Ces trois paramètres sont importants dans les processus de compréhension des méthodes de soins énergétiques. Cet avertissement me paraissait nécessaire afin de mieux comprendre les effets réels de tout effet de notre environnement invisible sur l'accès et le maintien d'une bonne santé tant physique qu'émotionnelle !

# Introduction

Écrire un livre n'est pas toujours une mince affaire, surtout sur un sujet qui prête à la controverse comme le magnétisme, et encore plus sur le S.H.E.M.©.

Je dois avouer que j'ai connu des périodes de croyance intuitive alternant avec des périodes de scepticisme. Tantôt mon côté rationnel et analytique opposait une farouche argumentation à mon côté intuitif et créatif, tantôt c'était le contraire. Foutu mental, jamais au repos ! Comment faire la part des choses ? J'ai cherché, lu, vu et entendu des informations qui ne faisaient qu'alimenter l'une ou l'autre partie de moi-même. Je cherchais avant tout pour moi, dans l'espoir de trouver une clé qui me permettrait d'ouvrir une porte donnant sur la compréhension de ce que je suis, non seulement pour me comprendre, mais aussi pour avoir le pouvoir d'agir sur mon état d'être, sur mon bien-être global. Je pensais rester sur ma faim et ne jamais être sûr de ce que mon intuition tentait de me révéler.

De par ma profession actuelle et mes expériences professionnelles dans différents secteurs d'activités, j'ai croisé – et je croise toujours – nombre de personnes de tous âges qui vivent des souffrances morales, physiques et mentales. Maintenant que je suis rendu à l'âge de 57 ans, ma quête est arrivée à une étape de « simplification ».

Ayant moi-même vécu des périodes de vie difficiles sur bien des plans, autant émotif, physique, financier et matériel que relationnel, je peux maintenant dire que je suis passé au travers grâce à cette « simplification », dont j'ai extrait l'essence, accessible à tous et à toutes. Petit à petit, j'ai pu raffiner et rendre encore plus accessible à toutes et tous cette essence que j'ai appelée S.H.E.M.©. Je vous propose une vision simple et différente de « l'autoguérison » ou plus simplement un art de vivre différent, simple et efficace afin de créer en vous cet état permanent de paix, d'épanouissement et de santé.

Les personnes en souffrance cherchent désespérément des solutions. Elles semblent perdues. Elles ont de la difficulté à vivre :

- Comment puis-je être bien dans ma peau ?
- Comment puis-je vivre épanoui, en santé ?
- Comment puis-je me guérir ?
- Comment puis-je enlever ce poids, cette pression que je sens au plus profond de moi ?
- Comment puis-je me sortir du labyrinthe du stress ?
- Comment puis-je arrêter de souffrir ?
- J'ai une maladie grave et je ne veux pas mourir, je me sens perdu.
- Tout est mêlé dans ma tête. Je suis dépressif, épuisé, sans énergie et sans volonté. Je ne vois pas d'issue !
- Rien ne va dans ma vie, j'ai l'impression d'être moins que rien… Je veux mourir !

À travers ces consultations, je me rends compte que ce que nous appelons la vie de tous les jours n'est en réalité qu'un état incontrôlé d'émotions et de stress qui nous déconnectent de notre être et qui se traduit par des effets néfastes tant au niveau de notre corps que de notre mental, avec pour seul espoir notre imaginaire, qui se projette vers un meilleur futur hypothétique.

Cette pseudo-réalité dans laquelle nous croyons exister n'est qu'un leurre. Notre nature ne s'y trompe pas. Elle nous envoie des messages bien clairs que souvent nous percevons à peine (mal-être, dépression, maladie, souffrance, etc.), que nous rejetons ou que nous reportons à plus tard.

La vie n'attend pas et les factures non plus. Alors s'opposent en nous recherche de spiritualité, notre ego et ses besoins, l'intuition et ce que l'on doit faire par manque de choix, de même que notre quête du bonheur et la série de malheurs qui nous affligent.

La liste est longue : performance, planification serrée, travail sous pression, projection dans le futur, espérance de bien-être, recherche du bonheur, problèmes familiaux, stress, recherche de la personne qui va nous rendre heureux. On pourrait aisément remplir un cahier de mille pages.

Notre vie se passe sur un fond de malaises, que l'on essaie vainement d'oublier, au mieux à l'aide de lectures ou au pire par médication. Beaucoup de lectures couvrent le sujet. On nous donne des pistes souvent très pertinentes à suivre afin que nous puissions être plus près de nous-mêmes, plus à l'écoute de nos émotions, de nos « messages intérieurs », afin aussi de mieux prendre le contrôle de notre vie, de notre état physique, de notre état mental et de notre état spirituel.

Il arrive que ces règles ou conseils semblent ne pas être évidents à appliquer dans notre vie de tous les jours. Ils sont parfois au-dessus de nos capacités. Vivre enfin en harmonie, en beauté et en puissance chaque instant et y trouver la sérénité : pas évident !

Comment franchir le passage de cet état superficiel, artificiel et souffrant, cet état incontrôlé de chaos, source de bien des maux, à l'état d'être en joie et en santé à chaque instant et d'une façon permanente ?

Comment agir sur nos cellules afin d'y ramener la paix et la santé ?

La plupart des gens souhaitent vivre dans la joie, dans la paix et en bonne santé. Pourtant, la plupart des gens ne savent pas comment faire.

Je vous propose de faire ensemble un voyage au cœur de la vie et de l'humain, de découvrir avec moi une vision différente, des outils que nous a offerts la nature pour nous réaliser. Certains de mes propos risquent de vous choquer, d'ébranler certaines de vos croyances, de vous perturber ; ils peuvent aussi vous apporter de l'espoir, de la joie et, enfin, un bien-être global. Alors, en voiture ! Allons redécouvrir l'humain que nous sommes et voir ensemble comment faire de vous un être en santé et heureux.

# 1$^{re}$ partie : D'où venons-nous et qui sommes-nous ?

## Théorie et système de croyances du Magnétisme épigénétique (ME)

« L'ignorant n'est pas celui qui manque d'érudition, mais celui qui ne se connaît pas lui-même. »

JIDDU KRISHNAMURTI, *CARNETS 11 SEPTEMBRE 1961 À PARIS*

« La vie quotidienne, si elle est sans compréhension, vous poussera à passer à côté de l'amour, de la beauté, de la mort. »

JIDDU KRISHNAMURTI, EXTRAIT DE *L'ÉVEIL DE L'INTELLIGENCE*

# Chapitre 1

## Le S.H.E.M.©
## Sa mise au point et ses bienfaits

Cette idée d'écrire un livre m'est donc venue au fil des conférences et des consultations que j'ai faites. En effet, bien que pratiquant le magnétisme, le côté dit rationnel de mon cerveau me ramenait les sempiternelles questions :

- ❖ Et si tout cela n'existait que dans ma tête ?
- ❖ Se passe-t-il réellement quelque chose quand je pratique des passes magnétiques ?
- ❖ Et si tout cela n'était qu'une simple illusion de mon esprit ?
- ❖ Et s'il s'agissait d'un effet placebo ?

Ces questions sans réponses rationnelles me faisaient alterner entre mon cerveau gauche (le rationnel) et mon cerveau droit (l'irrationnel), m'empêchant d'établir une croyance suffisamment profonde pour oser en parler ouvertement et, surtout, pour oser transmettre ce savoir et cette connaissance. Je me contentais d'en parler entre nous, ceux qui y croient.

## *La mise au point du S.H.E.M.©*

Ces interrogations ont eu un écho dans notre univers, puisque des réponses sans équivoque se sont présentées à moi en 2007. Ce sont ces réponses qui m'ont donné l'occasion de passer d'un état de croyance instable à un état de croyance profonde et solide, ce qui m'a permis de mettre au point le S.H.E.M.©.

Ce sont aussi ces réponses qui me permettent aujourd'hui d'expliquer le « comment » et le « pourquoi » des bienfaits du S.H.E.M.© sur notre santé tant mentale que physique. Je n'ai pas la prétention de convertir les non-croyants ou les sceptiques à cette science. C'est un long cheminement qui m'a amené à comprendre certains mécanismes de la vie énergétique. Cheminement, comme je disais plus haut, rempli de questions, d'incertitudes, de scepticisme et, enfin, de preuves.

Je souhaite profondément que les notions partagées dans ce livre permettent au croyant de conforter sa croyance et au non-croyant d'essayer, quelques instants, de laisser résonner en lui la portée de ces mots. Mon souhait et mon message sont que chacun puisse repenser au non-visible et accepter que ses convictions ne soient peut-être que des croyances fondées sur des connaissances passées incomplètes. Faire de telles introspections, c'est sans doute faire preuve d'humilité et c'est participer à ce que l'on appelle l'« élévation de conscience ».

## *L'impact des « découvreurs », ces nouveaux scientifiques*

La science, aujourd'hui, évolue très vite, trop vite sans doute pour ceux qui, sans le savoir, sont sclérosés ou cristallisés dans le passé. Leur vie présente n'est que l'expression de leur passé figé, non extensible, non actualisé.

J'aimerais être un docteur en biologie cellulaire, j'aimerais être un physicien quantique, j'aimerais être un astrophysicien, un neuroscientifique… pour être au cœur de ces découvertes du monde invisible et satisfaire mon côté rationnel. Ces nouveaux scientifiques que j'appellerai

« découvreurs » nous prouvent de par la science que tout est relié, que chaque action que nous faisons, chaque pensée que nous émettons ont des répercussions sur notre être et sur notre environnement proche et éloigné.

Ces « découvreurs » sont des « récepteurs-émetteurs » de la connaissance universelle. Oui, un bien grand mot que cette connaissance universelle. Souvent, nous avons perdu le véritable sens des paroles anciennes. Soit qu'au cours des siècles passés, leur sens a donné lieu à diverses interprétations toutes plus farfelues les unes que les autres, soit elles ont été tellement utilisées qu'elles ont perdu leur force, leur sens. Ces découvreurs, comme tous les découvreurs, sont des révélateurs en ce sens que tout est déjà dans la conscience universelle, dans ce monde invisible à nos yeux et qui, pourtant, est bien là et bien vivant !

La transformation qui s'opère dans la pensée de ces « découvreurs » va bien au-delà de leur propre enveloppe. Elle se propage comme des ondes radios qui touchent, informent et transforment l'humanité tout entière et, par conséquent, chacun de nous. Chacun a un parcours de vie qui lui est propre. Mon parcours a eu ses hauts et ses bas, ses joies et ses peines, comme tout un chacun. Nous aspirons au bonheur permanent, à la paix et à la joie de vivre. Ma quête et ma volonté, c'est le bonheur ici et maintenant.

## *Une voie vers un réel bonheur*

Mes recherches sur le magnétisme, les énergies humaines et les nouvelles sciences ont transformé ma vie. Je vous présente le S.H.E.M.©, qui est à la fois une pratique de soins en médecine douce et une des réponses au fonctionnement de la vie permettant d'utiliser ses lois pour être heureux ici et maintenant.

Le bonheur, je ne le veux pas seulement dans la tête ou dans le cœur, je le veux tout d'abord dans mon être tout entier, au niveau du corps, de l'esprit, ensuite et inévitablement dans la vie qui m'entoure de près ou de loin, la famille, le travail, la ville, le continent, la Terre… l'univers !

## *Explication sommaire du S.H.E.M.©*

Cette approche intervient sur les dérèglements énergétiques physiologiques et psychiques étant les causes de diverses pathologies : douleurs chroniques ou ponctuelles, fibromyalgie, dépression, stress, angoisse, peur, mauvaise circulation, jambes lourdes, dérèglement ou mauvaise gestion des émotions, choc émotif, etc.

Elle permet d'unifier sciences, conscience et bien-être. Elle permet aussi d'extraire les énergies néfastes qui favorisent les pathologies et de vous amener à un état de santé optimal global, tant au niveau du corps que de l'esprit. C'est une technique unique et inédite.

Afin de mieux vous situer, voici les grandes lignes de cette approche ainsi que tout ce qu'elle peut apporter à la santé globale. L'épigénétique est cette partie de la biologie qui étudie les effets de l'environnement sur le comportement cellulaire.

Quand nous parlons environnement, nous parlons aussi bien de l'environnement qui nous entoure que du milieu social et professionnel, de notre alimentation, de nos pensées, du stress, de la peur, etc. Ce sont tous des environnements. Le magnétisme interfère sur l'environnement et sur le comportement cellulaire, d'où son appellation d'aujourd'hui : S.H.E.M.©.

J'ai développé le S.H.E.M.© à partir notamment des découvertes scientifiques faites en biologie par Dr Bruce H. Lipton. Il est important pour moi de démontrer l'importance d'intégrer un savoir de tradition en prenant l'humain dans sa globalité, corps et esprit (car l'un ne va pas sans l'autre), et d'intégrer la conscience comme facteur de guérison.

Le S.H.E.M.© est très efficace pour agir véritablement contre tous les déséquilibres énergétiques multiples, tels que mentionnés précédemment, qui sont la cause de pathologies, tant physiques que mentales. Le S.H.E.M.© est efficace notamment pour contrer les effets destructeurs du stress sur notre organisme pour un plus grand bien-être général. Cette approche doit être utilisée en soutien à toute thérapie de médecine traditionnelle. J'en reparlerai d'ailleurs plus en profondeur dans un autre chapitre.

## *L'impact majeur de l'optimisation du système lymphatique pour maximiser la santé*

Il faut aussi souligner un soin additionnel que je fais, soit « l'Optimisation pour restructurer le Système Lymphatique (OSL)© », qui permet entre autres non seulement de rehausser le système immunitaire, mais aussi d'éliminer les fatigues chroniques en améliorant l'assimilation des nutriments et l'évacuation des déchets, toxines et autres (cellulite, excès de poids, mauvaise circulation, jambes lourdes, œdèmes, etc.).

Par ailleurs, avoir un bon système lymphatique permet une bonne réparation des tissus cellulaires. La lymphe est un liquide vital qui joue un rôle prépondérant dans l'immunité et l'élimination. Hélas, la circulation lymphatique est aisément perturbée par les nombreux chocs émotifs, psychiques et physiques générés par notre mode de vie trop stressant et peu adapté aux besoins du corps.

De plus en plus apprécié par le corps médical et paramédical de par son efficacité dans les soins préventifs, curatifs et esthétiques, l'OSL© procure aussi un état de bien-être et de détente totale. Il est à noter que seul un médecin a le droit d'établir le diagnostic médical et de prescrire les produits nécessaires au bien-être du patient. Le praticien en S.H.E.M.© ne prescrit rien et ne remplace pas le médecin. Ces soins sont complémentaires à la médecine dite traditionnelle. Pour en savoir davantage, je vous invite à parcourir mon site Internet, qui présente une multitude d'informations complémentaires : www.corpus-energie.ca.

# Chapitre 2

## Les fondements du Magnétisme (M)

«Il n'est pas donné à l'homme de connaître les essences des choses. Les systèmes adoptés de nos jours considèrent la matière comme morte. Or, l'étude nous montre la matière comme étant animée de mouvements. L'être humain, faisant partie du système du monde, participe nécessairement à ce mouvement dont le caractère est universel.

« Les révolutions des corps célestes, le flux et le reflux de la mer sont des manifestations de ce mouvement auquel répondent entre les êtres humains, ces courants qui se traduisent par maints phénomènes, notamment par des désirs réciproques, des sympathies ou antipathies.

« On peut supposer que ce mouvement a pour cause une matière subtile, ce magnétisme universel, sur lequel le docteur Mesmer nous parle avec autorité.»

MARQUIS DE CHASTELLUX, MEMBRE DE L'ACADÉMIE FRANÇAISE

Entrons, si vous le voulez bien, dans les mystères et les arcanes du S.H.E.M.©. Redécouvrons dans un premier temps « la parole perdue des Anciens » et, ensuite, ce qui nous est révélé par les sciences d'aujourd'hui. L'autoguérison est à notre portée !

Je ne ferais pas ici un historique détaillé du magnétisme. Moult ouvrages bien faits ont déjà exploré le sujet. Je vous propose donc de vous tracer les grandes lignes de son histoire afin de vous démontrer que son existence n'a jamais cessé et que sa pratique remonte à l'aube de l'humanité.

De mémoire d'homme, nous avons souvent lu, entendu ou vu, et cela dans diverses cultures, des pratiques de soins et des arts de vivre pour le moins bizarres, faisant référence à des forces invisibles parcourant la nature et notre univers, à des courants ou à des fluides de toutes sortes. On en retrouve des traces et des appellations différentes dans les plus vieilles civilisations, et ce, sur toute la planète.

Dans l'Égypte antique, on peut voir des bas reliefs égyptiens datant de plus de trois à cinq mille ans où l'on peut lire des inscriptions précises telles que: « Pose ta main sur la douleur et dis très fort : que la douleur s'en aille. » En Chine, on parle du Qi (le souffle) correspondant à l'énergie universelle dans laquelle baigne l'univers entier y compris notre corps. Chez les hindous, le mot sanscrit *prana* pourrait se décrire, dans une définition simplifiée, comme le souffle vital.

Au Moyen Âge, les alchimistes nous parlent de principe divin et d'énergie universelle afin de réaliser le grand œuvre, qui est la création de la pierre philosophale. Cette pierre ou cet agent est susceptible de transmuter les vils métaux en or, de permettre des guérisons infaillibles (panacée), et de nous donner l'immortalité.

## *Des démonstrations provenant de scientifiques*

Au 18e siècle, le magnétisme va connaître un essor grâce aux travaux de Franz Anton Messmer, docteur en médecine. Celui-ci imagine qu'un fluide subtil enveloppe tout l'univers et interagit avec tous les corps animés qui le composent. Il va appeler ce fluide le « magnétisme animal ». Il appliquera sa technique avec succès sur des cas dits « inguérissables ».

Plus près de nous au 20e siècle, Yves Rocard, physicien et père de la bombe atomique française, consacrera plus de 30 ans de sa vie à son travail et fera des découvertes absolument renversantes sur les potentiels que possèdent les magnétiseurs.

En 2006, Bruce Lipton, docteur en biologie, nous démontre, dans son ouvrage *Biologie des croyances*, comment les cellules de notre corps ont sur leur membrane des protéines qui agissent comme des capteurs d'ondes électromagnétiques. Ces capteurs transmettent au cœur même de nos cellules des informations issues de notre environnement et notamment de la main d'un magnétiseur. Il nous explique d'une façon scientifique leur fonctionnement et comment elles réagissent positivement ou négativement à ces ondes.

Ces dernières découvertes historiques nous ouvrent une voie royale vers un présent nouveau où l'essence et les pratiques du passé retrouvent leur sens. J'y reviendrai plus tard. Je laisse à chacun et chacune le soin d'explorer les fins fonds de ce passé aussi mystérieux qu'incroyable des mondes invisibles et parfois occultes des énergies. Faites-le en regardant au-delà des mots.

À cela on peut ajouter toutes les philosophies, les religions et les systèmes de pensées (la liste serait bien longue à énoncer) faisant appel à notre intériorité, à notre spiritualité, à notre réflexion, à notre mental, à nos sensibilités de toutes sortes, tous orientés vers la recherche d'un bien-être physique, psychique ou spirituel permanent.

Il est important de tenir compte de toutes ces approches opératives (ex. : imposition des mains) et spéculatives (ex. : forme pensée d'introspection comme le bouddhisme, etc.), car depuis son entrée dans notre univers, l'humain n'a cessé de rechercher le ou les moyens d'atteindre pour certains ou de « réintégrer » pour d'autre un état optimal de santé et de bien-être global.

## *L'influence innée du passé*

Tout au long de ce parcours, nous avons pu constater que matière et esprit ne font pas toujours bon ménage. Je vous emmène dans un passé lointain, à une des origines de la réflexion humaine. Je précise ici qu'il s'agit de la pensée humaine occidentale. Bien qu'aujourd'hui il y ait moins de cloisonnements des cultures, l'influence de notre passé propre est encore enfouie en nous très profondément. On aime ou on n'aime pas l'histoire. Là n'est pas la question.

J'ai donc choisi une époque qui se situe il y a quelque 2500 ans. J'aurais pu reculer encore dans le passé, cela ne changerait rien. Je veux juste attirer votre attention sur le fait que la pensée ou la conscience humaine ont très peu évolué de tout temps. Vous me direz certainement que nous sommes bien plus évolués aujourd'hui qu'il y a 3000 ans ! Pas si sûr !

Si vous parlez de la conscience ou de la pensée qui nous sert à faire notre liste d'épicerie, je vous l'accorde. Il nous est presque impossible d'imaginer aujourd'hui ce que peut contenir un super ou hyper marché comme nous le connaissons par rapport à l'étal d'un marchand d'il y a 3000 ans. Alors heureusement, nous sommes conscients que si la mémoire est défaillante, une liste s'impose si on ne veut rien oublier.

Or, je ne parle pas de cette conscience primaire. Je parle – et vous l'avez sans doute compris – de la conscience qui s'interroge au sujet de ce que nous sommes, de comment nous fonctionnons, de nos croyances, fondées ou non. C'est celle qui nous pousse à nous poser des questions sur notre état mental ou physique. Suis-je heureux ? Suis-je malheureux ?

Je sais que nous, les hommes, n'avons que très peu de problèmes de santé, que nous sommes toujours de bonne humeur, jamais grincheux, jamais malheureux… Nous sommes toujours en pleine forme… Je plaisante bien sûr ! Devrions-nous néanmoins nous interroger sur cette statistique et y réfléchir ? Désolé pour ce petit aparté, mesdames. Continuons ensemble, si vous le voulez bien.

Je peux vous dire sans me tromper que les questions que l'on se posait il y a plusieurs milliers d'années n'ont pas beaucoup changé. Pour illustrer mes dires, je vous emmène en voyage dans une contrée lointaine et mythique, la Grèce antique, il y a 2500 ans. Cette contrée fut jadis un pilier de la construction du système de pensée, de vie et de société pour nous, les Occidentaux.

## *Une pensée matérialiste*

Les principes de la démocratie furent, dit-on, élaborés et mis en place là-bas. Je vous citerai deux personnages de cette époque qui influencent nos croyances encore aujourd'hui. Le premier est Démocrite d'Abdère (460-370 av. J.-C.). Celui-ci est considéré comme un philosophe matérialiste en raison de sa conviction que l'univers est constitué d'atomes et de vide, et que rien n'existe en dehors de la matière. Cela a donné une vision matérialiste de notre monde. De ce fait, la science physique, la chimie et la technologie en découlent. C'est à partir du 18e siècle, notamment avec Isaac Newton, que l'on considère ce Démocrite comme « le père de la science moderne ».

## *Des pensées dualistes et spiritualistes*

Le deuxième personnage issu de cette époque lointaine est Socrate (470-399 av. J.-C.). Ce dernier a une vision dualiste de l'univers. Pour lui, il existe une énergie invisible, une « forme » ou une âme qui modèle la matière, immuable, parfaite, éternelle et antérieure à la vie que nous connaissons. Cette « forme » est séparée de la matière. Ensuite, il y a le monde physique imparfait qui a été modelé par ce « principe » supérieur. Cette approche a donné une vision spiritualiste de notre univers : religions, philosophie, système de pensée introspective, univers invisible peuplé par toutes nos croyances…

## *Mais la matière invisible, qu'est-ce que c'est ?*

Nous n'avons cessé de nous opposer les uns aux autres pour faire valoir « nos vérités ». Y a-t-il quelque chose qui existe en dehors du visible ? Y a-t-il quelque chose en dehors de la matière ?

Je ne parle pas de fantômes, bien que cela soit un sujet fort intéressant, je n'ai pas la compétence en la matière pour en parler ici. Quand je dis en dehors de la matière, je veux dire quelque chose d'invisible, d'actif, régi par des lois que l'on pourrait découvrir simplement, sans avoir fait un triple doctorat !

Pour aider votre compréhension de ce qui suit, je vais lui donner un nom provisoire : matière invisible. La *quoi,* me direz-vous ? Oui, bien que cela semble paradoxal, vous pourrez constater par vous-même que ce nom n'est peut-être pas si anodin. Donc, disais-je, une « matière invisible » qui pourrait être reliée, intrinsèquement ou pas, à la matière visible et palpable que nous connaissons bien toutes et tous.

Pour une partie de la population, cela semble une évidence, mais pour l'autre partie, tous ces phénomènes sont perçus comme irréels, voire farfelus. Pourtant, depuis quelques décennies, des scientifiques un peu partout dans le monde nous font part de résultats d'expériences pour le moins déconcertants pour tout esprit rationnel. Souvent, une découverte ne vient pas seule. C'est ce que l'on appelle aussi la « synchronicité des faits ».

Chacun a sans doute déjà expérimenté le fait de recevoir un appel téléphonique d'une personne alors que nous pensions justement à elle à cet instant. C'est de la synchronicité. Ou alors tout d'un coup, vous ne vous sentez pas bien, à un point tel que vous appelez votre fils ou votre amie et vous apprenez qu'il ou elle vient d'avoir un accident.

En effet, il n'est pas rare qu'une même découverte soit faite par plusieurs scientifiques durant une même période. Prenons l'exemple de Charles Darwin et de Alfred Wallace : ce dernier étant très loin de l'autre arrive, indépendamment de Darwin, à une conclusion identique sur l'évolution des espèces et la sélection naturelle[1].

Comment cela se peut-il ? Il y a peut-être, comme le disait Carl Gustav Jung, un « savoir absolu » flottant dans l'espace, mais restons sur Terre. Notre monde, notre société sont perpétuellement en évolution. Bon, si jusqu'ici vous avez pu suivre sans tomber de votre chaise, ce qui suit risque de vous bousculer. Je vous suggère de rester bien assis, et nous continuerons tout doucement.

1. [http://www.universalis.fr/encyclopedie/alfred-russel-wallace/].

# Chapitre 3

## Les fondements de l'Épigénétique (E)

«L'ADN est comme une bande magnétique porteuse d'information, mais qui ne sert à rien sans magnétophone. L'Épigénétique joue en quelque sorte le rôle du magnétophone.»

BRYAN TURNER

C'est Aristote qui nomme ainsi «épigenèse» le développement graduel d'un œuf informe, qui devient un organisme aux tissus différenciés. Par exemple, on peut comparer ce principe en faisant une analogie avec un œuf de poule. Choisirons-nous de faire un plat avec cet œuf ou attendrons-nous qu'il devienne un poulet? Il faut admettre que si on regarde un œuf et un poulet, la ressemblance n'est pas évidente!

Le préformationnisme fut le pendant qui postulait que l'être vivant préexistait en miniature dans le germe. Si nous poursuivons avec l'exemple précité, on peut supposer qu'il y a déjà un minipoulet dans l'œuf. C'est en réalité un peu plus complexe que cela, mais la comparaison est juste.

Cette controverse entre épigenèse et préformationnisme fut une discussion majeure de la biologie jusqu'à la fin du 19e siècle.

## *La relation entre la génétique et l'environnement*

En 1942, c'est au biologiste Conrad Waddington que l'on doit la paternité de cette nouvelle branche de la biologie, « l'Épigénétique », qui étudie les implications entre le comportement de l'expression des gènes et leur environnement. Autrement dit, en supposant que nous ayons une « génétique parfaite » exempte de toute maladie, la question est de déterminer si l'environnement dans lequel nous évoluons (une mauvaise alimentation, un stress prolongé, des chocs émotifs intenses, des pensées noires, des états dépressifs) peut avoir un impact sur notre santé. En effet, la perception de nous-mêmes peut-elle aller agir au-delà de notre « génétique parfaite » et influencer nos cellules à développer des pathologies et maladies de toutes sortes ?

Bien que très prometteuse, cette théorie fut mise à l'écart jusque dans les années 90, suite à la découverte en 1953 de la double hélice qui structure notre molécule d'ADN.

## *Des avancées plus récentes*

En 1990, les recherches sur le génome de l'humain étaient prometteuses ! Nous allions connaître les fins de notre structure humaine et pouvoir agir et supprimer toutes les imperfections physiologiques et psychiques. « Le génome humain est l'ensemble de l'information génétique portée par l'ADN sur nos 23 paires de chromosomes. Il porte l'ensemble de notre information génétique, dont celle de nos 30 000 gènes. Cette entreprise de grande ampleur est le résultat d'une coopération scientifique internationale qui s'est étalée sur près de quinze ans. » (Source : Wikipédia.)

Fort heureusement, des scientifiques continuaient à se poser des questions et à faire des recherches qui semblaient hors normes pour un scientifique. Prenons l'exemple de Bruce Lipton qui, en 1977 alors qu'il était chercheur en génétique, avait rédigé un article intitulé « La conscience des cellules ».

Dans cet article, il nous faisait part de sa découverte sur le déterminisme génétique. L'idée que nos fonctions biologiques sont régies par les gènes était complètement fausse ! En effet, les croyances voulant que notre destin biologique soit inscrit dans nos gènes sont totalement fausses. Pourtant, ces croyances servent encore aujourd'hui de références dans toutes les questions de santé et de maladie. Puisque tout est écrit dans nos gènes, il n'y a rien à faire ! Il en va de même pour les notions de ces scientifiques pour qui la conscience et l'esprit humain sont encodés dans nos structures nerveuses, donc rien à faire non plus de ce côté-là.

La primauté de l'ADN gouvernant notre évolution et notre comportement biologique repose sur une hypothèse sans fondement scientifique. Cette hypothèse s'est largement répandue au cours des 50 dernières années, si bien qu'elle est devenue scientifiquement reconnue malgré l'absence d'éléments de preuves.

Dans cette hypothèse accordant à notre programmation génétique le premier rôle dans notre fonctionnement biologique, les gènes sont donc considérés comme ayant un statut d'agent causal de tout ce qui nous arrive biologiquement, gouvernant le comportement et l'expression biologiques (les gènes seraient donc les premiers responsables du cancer, de l'alcoolisme, voire des comportements criminels, des états dépressifs). Heureusement pour nous, tout cela est complètement faux !

## *Les travaux remarquables de Bruce Lipton*

Je vous invite d'ailleurs à lire l'ouvrage *Biologie des croyances*[2] de Bruce Lipton pour avoir plus de détails sur ces découvertes. Dans cet ouvrage, il expose une découverte qui est pour moi fondamentale en ce qui a trait au magnétisme. Il découvre et nous prouve l'existence de protéines membranaires intrinsèques (PMI) au niveau de la membrane cellulaire que l'on peut subdiviser en deux classes, les réceptrices et les effectrices. Les protéines réceptrices agissent comme des antennes qui captent les signaux électromagnétiques et mécaniques du milieu environnant. Ces protéines

2. Lipton, B. H., Ph. D. *Biologie des croyances*, Outremont, Ariane Éditions, 2006, 264 pages.

réceptrices fournissent de l'information du milieu à la « conscience du milieu environnant ». Elle forme, comme Bruce Lipton le définit, « la base de la conscience biologique ».

C'est ainsi que lorsque les mains d'un praticien se mettent près d'un corps, cette proximité crée un champ électromagnétique. Ce champ chargé d'information influencera le comportement de la cellule en modifiant la distribution des charges électriques de la protéine. Ces informations vont influencer l'activité cellulaire et l'expression des gènes.

Grâce à ces nouvelles compréhensions des mécanismes cellulaires, il est clair qu'il faut considérer avec sérieux toutes les approches en médecine douce dites énergétiques. Cela explique sans nul doute les succès réalisés par des praticiens professionnels en médecine énergétique. Une remarque est à faire, car puisque l'intervention d'un praticien influence le comportement cellulaire, il est important d'avoir à faire à une personne qui sait ce qu'elle fait ! Nous y reviendrons plus tard.

Je reprendrais une affirmation de Bruce Lipton tirée toujours du livre *Biologie des Croyances* : « Le comportement d'une cellule reflète sa perception de tous les stimuli environnementaux, tant physiques qu'énergétiques. En conséquence, la magie de la membrane cellulaire pourrait réellement nous amener au « cœur de la médecine énergétique. »

Il y a communication et interférence entre les mains du magnétiseur (environnement externe) et avec vos cellules, comme avec l'ambiance de votre environnement. Ces interférences peuvent être bénéfiques, dans le cas d'un magnétiseur, ou destructrices dans le cas d'un environnement stressant. Nous verrons plus loin qu'il y a communication de vos pensées (environnement interne) et de votre état d'être avec votre comportement cellulaire.

Depuis le début des années 2000, l'Épigénétique refait surface avec des études qui ont démontré que les mécanismes Épigénétiques sont déjà présents in utero et durant l'enfance. Tous ces résultats d'études réalisées à travers le monde nous amènent à prendre conscience de l'importance fondamentale que joue l'Épigénétique dans le développement des maladies et, fort heureusement, dans les processus d'autoguérison.

Nous verrons plus avant comment notre conscience et notre inconscient influent sur notre état de bien-être global.

Voici quelques définitions pour mieux illustrer ce qu'est l'Épigénétique :

> « Je prendrais une photo d'un ordinateur et je comparerais l'ADN au disque dur et l'épigénome aux logiciels. On peut accéder à certaines informations sur le disque dur grâce aux programmes installés sur l'ordinateur. Mais il y a certains domaines qui sont protégés par des mots de passe et d'autres qui ne le sont pas. Je dirais que l'on essaye de comprendre pourquoi il y a des mots de passe pour certaines zones alors que d'autres sont libres d'accès. »
>
> JÖRN WALTER (SARRE, ALLEMAGNE)

> « On peut sans doute comparer la distinction entre la génétique et l'Épigénétique à la différence entre l'écriture d'un livre et sa lecture. Une fois que le livre est écrit, le texte (les gènes ou l'information stockée sous forme d'ADN) sera le même dans tous les exemplaires distribués au public. Cependant, chaque lecteur d'un livre donné aura une interprétation légèrement différente de l'histoire, qui suscitera en lui des émotions et des projections personnelles au fil des chapitres. D'une manière très comparable, l'Épigénétique permettrait plusieurs lectures d'une matrice fixe (le livre ou le code génétique), donnant lieu à diverses interprétations, selon les conditions dans lesquelles on interroge cette matrice. »
>
> THOMAS JENUWEIN (VIENNE, AUTRICHE)

L'Épigénétique démontre que même si notre ADN est plus ou moins fixé dès la conception, l'environnement externe (mode de vie, famille, travail, alimentation) ou interne (pensées, stress, émotions) peuvent influencer d'une manière permanente, pour le meilleur et pour le pire, le comportement de nos gènes et de nos cellules.

# Chapitre 4

## La jonction de la science et de la spiritualité

« La réalité est ce que nous prenons pour être vrai.
Ce que nous prenons pour être vrai est ce que nous croyons.
Ce que nous croyons est fondé sur nos perceptions.
Ce que nous percevons dépend de ce que nous recherchons.
Ce que nous recherchons dépend de ce que nous pensons.
Ce que nous pensons dépend de ce que nous percevons.
Ce que nous percevons détermine ce que nous croyons.
Ce que nous croyons détermine ce que nous prenons pour être vrai.
Ce que nous prenons pour être vrai est notre réalité. »

DAVID BOHM, 1977

Aujourd'hui, nous sommes les témoins conscients ou inconscients d'un tournant vital et fondamental dans l'utilisation de la conscience humaine, la conscience de notre responsabilité dans la cocréation de notre futur.

## *Revoir nos façons de faire et d'être*

Nos vieux schémas de pensée et de vie sociale et économique semblent dépassés. L'humain s'est enfargé dans une course à complexité stérile à l'égard de ses pensées, de ses méthodes de vie, de son accès au bien-être et en ce qui concerne la recherche de paix.

La pyramide des sciences qui, depuis plus de 300 ans, s'est basée sur le fondement qu'en dehors de la matière rien n'existe est visiblement un échec tant individuel que collectif. Sans faire de la politique, de la propagande ou de procès, il suffit de regarder autour de soi. Pour ne prendre que le domaine de la santé, voici un extrait d'un rapport accablant sur ce qu'on appelle les « risques iatrogènes »:

> « Le nombre total estimé de décès aux USA par causes iatrogènes, c'est-à-dire tous les décès causés par les soins d'un médecin ou d'un chirurgien ou par un traitement médical ou par des procédures de diagnostic erronées, est annuellement de 783 936 morts. Par comparaison, approximativement 699 697 Américains sont morts de cause cardiaque en 2001, alors que 553 251 mouraient de cancer. Il est évident que le système médical américain est lui-même la principale cause de mortalité aux USA[3]. »

Attention ! Ces statistiques plusieurs fois citées dans d'autres médias ne sont pas présentées comme un rejet de la médecine traditionnelle. Il ne faut pas jeter le bébé avec l'eau du bain. Cette médecine fait aussi des « miracles » et sauve aussi des vies. Derrière l'habit du médecin ou du pharmacien, il y a un humain. Un humain qui se soucie et se dévoue pour la vie humaine. Pour citer un cas près de chez nous, ici au Québec, je vous invite à lire *Le pouvoir anticancer des émotions* du Dr Christian Boukaram[4], oncologue à l'hôpital Maisonneuve-Rosemont. Vous pourrez

---

3. Hull, Gary, et autres. « Death by medicine », *Science-Based Medicine*, [en ligne], 24 juin 2008. [www.sciencebasedmedicine.org/death-by-medicine/].
4. Boukaram, C. *Le pouvoir anticancer des émotions*, Montréal, Éditions de l'Homme, 2011, 276 pages.

y voir une médecine conventionnelle qui amorce un changement majeur avec une approche Épigénétique de la guérison.

## *Des avancées pour diminuer le mal-être individuel et collectif*

Pour revenir à ces statistiques, force est de constater que nous les retrouvons malheureusement dans de nombreux pays. Dans le milieu du travail, une augmentation croissante de l'absentéisme, des congés pour cause de maladie, d'épuisement professionnel, de dépression, de manque de motivation et de manque de participation ont favorisé l'émergence d'associations comme Groupe entreprises en santé, une initiative québécoise qui a pour mission de « mobiliser et accompagner stratégiquement les entreprises dans l'implantation durable d'une démarche structurée et intégrée, basée sur les meilleures pratiques visant la santé globale en milieu de travail ».

Cette initiative a traversé l'océan et rayonne dans plusieurs pays européens comme la France. En 2013, le thème phare du forum de Davos, qui recevait le forum économique mondial en réunissant entre autres le secrétaire général de l'ONU BanKi Moon, le président de la Banque Mondiale Jom Yong Kim ainsi que plusieurs ministres de la santé, traitait du bien-être au travail.

Ces professionnels de la santé ont concentré leurs travaux sur l'avenir de systèmes nationaux de santé durables et sur le bien-être au travail. Sur le plan du bien-être au travail, le forum devait publier le 24 janvier à Davos un rapport intitulé *Faire les bons investissements, la santé des employés*, sur la base d'une enquête effectuée auprès de 2 millions de travailleurs dans 125 pays[5].

---

5. [http://www3.weforum.org/docs/WEF_HE_WorkplaceWellnessAlliance_Report_2013.pdf].

## *De l'aberration à la conscience*

En effet, si rendement, performance et succès restent les objectifs premiers, on constate la multiplication des programmes de soutien et d'aide aux employés (PAE), de plus en plus nécessaires pour s'occuper des humains que nous sommes avant tout !

Nous sommes capables d'envoyer des engins hors de notre système solaire, capables de créer des appareillages très sophistiqués dans le domaine du transport, de la communication, de la technologie, de l'armement et j'en passe, et à côté de cela, on peut constater aussi que la maladie se porte à merveille, que la plupart des médias relaient sans relâche des évènements sur tous les plans, tous plus sinistres et effroyables les uns que les autres. Bref, c'est une vision paradoxale de notre capacité de création autant dans ce qui est beau que dans ce qui est laid. Comment est-ce possible ?

J'ai entendu quelque part que notre société, le macrocosme, n'est que le reflet de l'humain, microcosme, que nous sommes. J'y reviendrai plus tard en vous présentant une vision bien humble de l'espèce dominante que nous sommes ou que nous croyons être. La conscience humaine commence enfin à jouer son rôle d'observateur au niveau planétaire.

# Chapitre 5

## Le fonctionnement de l'être humain

« En général, nous avons des possessions parce qu'en dehors d'elles, nous n'avons rien : nous sommes des coques vides, nous ne possédons pas. Nous remplissons nos vies de meubles, de musique, de connaissances, de ceci ou cela. Et cette coque fait beaucoup de bruit, et ce bruit nous l'appelons vivre, et avec cela nous sommes satisfaits. »

JIDDU KRISHNAMURTI

Revenons maintenant à vous, à nous. Nous sommes tous à la recherche d'un état de joie, de bonne santé et d'épanouissement personnel. De quoi avons-nous besoin pour aborder ce changement et faire en sorte de nous donner les outils nécessaires pour nous créer un état de bien-être permanent ?

Je ne vous ferai pas un cours de biologie ou d'anatomie, je laisse cela aux enseignants spécialisés. Je parlerai plutôt des mécanismes qui échappent la plupart du temps à la conscience et qui jouent un rôle déterminant dans cette recherche de bien-être permanent. Je n'entrerai pas non plus dans un cours de psychologie individuelle ou collective ; même si cela fait des lectures fort intéressantes, on a souvent l'impression que plus en lit, moins il est simple d'être heureux !

Je ne suis pas en train de dire que cela n'est pas utile, je dis simplement qu'il vaut mieux laisser aux experts le soin de « chercher » et nous rapporter les informations accessibles au commun des mortels afin que nous puissions accéder simplement à la compréhension d'être humain que nous sommes sans y perdre son latin ou marcher sur son lacet.

## *Quelques réflexions sur l'inconscient*

Nous fonctionnons presque exclusivement d'une manière inconsciente à 99,9 %. Certains vont même jusqu'à dire 100 %. Cet inconscient possède une force et une capacité de travail inimaginable. Dans un souci de simplification, j'intègre dans le mot « inconscient » toute l'activité physiologique, émotionnelle, comportementale et perceptuelle qui fonctionne d'une façon autonome et qui échappe à notre conscience.

Au cours de notre vie, toute cette activité d'abord inscrite dans nos gènes va évoluer d'une façon presque imperceptible et parfois pas du tout. Toutes les informations ou procédures inscrites dans cet inconscient y restent une fois pour toutes.

C'est le patrimoine de notre évolution dans la matière. C'est ainsi que je considère que notre inconscient a au moins, à quelques années près, 14 milliards d'années d'expériences, d'informations et de procédures qui ont été nécessaires pour nous amener à l'homo sapiens que nous sommes.

Ne me faites pas dire ce que je n'ai pas dit. En effet, notre inconscient a une grande mémoire, mais il se peut fort bien qu'il ne se serve que d'une infime partie pour assurer notre existence et que le reste soit stocké au cas où... Une mémoire ancienne bien enfouie, parfois si profondément que nous en avons oublié nos origines. J'y reviendrai plus loin en vous parlant de la loi fondamentale du bien-être pour ne pas dire de la joie et du bonheur permanent.

## *Cinquante milliards d'individus !*

Cet inconscient est donc le chef d'orchestre, le gardien et le témoin de l'évolution, de notre évolution en tant qu'êtres vivants. Le chef d'orchestre, car dès la conception ou dès notre naissance, il s'active à créer la vie, notre vie. C'est magnifique, pensez-y ! À partir d'un ovule et d'un spermatozoïde, de multiplication en multiplication, 50 000 milliards « d'individus » vont s'harmoniser ensemble pour former un être humain ! Vous, moi et tous !

D'individus, ai-je dit ? J'aurais pu écrire « cellules », mais je préfère la notion d'individus, car celle-ci fait ressortir, à mon sens, la notion d'harmonie et de beauté. Une cellule est un être indépendant et il fut un temps, il y a bien longtemps, où il n'existait que des êtres unicellulaires.

Au cours du temps, les cellules se sont associées, elles se sont unies pour mettre ensemble leur force et leur savoir, jusqu'à former des êtres multicellulaires magnifiques. Notre corps est formé d'une communauté de plus de 50 000 milliards d'individus. Que c'est beau, la nature ! Nous devrions nous y arrêter un instant et y réfléchir. Que de force, de beauté et d'harmonie ! Nous sommes quelques sept ou huit milliards d'humains sur Terre… Nous avons encore un peu de chemin à faire pour créer autant d'harmonie !

## *La sagesse de l'inconscient*

En fait, cet inconscient est aussi le gardien, un gardien qui ne se laisse pas corrompre, ce qui me pousse à dire que, puisque nous fonctionnons d'une manière totalement inconsciente, notre corps se conforme à ce que nous sommes dans cet inconscient. Notre corps fait ou est exactement ce que l'on est ! Oups ! Vous êtes toujours là ? Bon, si vous avez bien compris le sens de cette phrase, j'admets qu'il n'est pas toujours aisé d'avaler la pilule. Est-ce une fatalité ? Parfois oui et parfois non. J'y reviendrai plus tard.

Il y a aussi cette notion qui amène à devenir témoin de notre évolution. Elle est fort importante dans le processus d'autoguérison par-delà les gènes. Je pourrais ajouter que l'inconscient en est le témoin, l'observateur et le gardien. De quoi ou de qui, me direz-vous ? C'est là que ça devient intéressant. Il est le témoin de ce qui se passe et de ce qu'il fait, et il se garde de ne pas changer ce que nous avons acquis dans les processus de réaction.

C'est pour notre bien. Notre inconscient fait toujours du mieux qu'il le peut. On ne peut rien lui reprocher, il se donne toujours au mieux de ses capacités, de ses connaissances, vraiment au mieux de ce qu'il peut faire. Il nous laisse la liberté d'être. Il observe notre « état » sans jugement, il fait ce que l'on est. Une espèce d'amour inconditionnel ! « Oh ! Mais moi, je n'aime pas ce que je suis, je veux être en forme et en santé ! » me direz-vous. Oui, je vous suis très bien, d'autant plus que si « être » signifie aussi « être inconscient à 99,9 % », comment fait-on avec le 0,01 % qu'il reste pour changer tout cela ?

En regardant ces deux nombres, cela peut sembler une tâche impossible et désespérante. Avons-nous les moyens de renverser tout cela et, surtout, des moyens simples et faciles d'utilisation ? Oui, la nature nous donne des outils simples qu'il faut utiliser simplement, en toute humilité. Ils sont à la portée de tout un chacun, peu importe l'état dans lequel nous sommes, à condition de ne pas nous prendre pour un autre et de ne pas voir notre salut que dans la complexité intellectuelle.

L'inconscient s'adapte et réagit en fonction de son environnement selon ce qu'il a acquis. Il associe ses connaissances, mais il ne crée rien. Pour cet inconscient, il n'existe ni bien ni mal, il fait au mieux de ses connaissances même si cela doit nous tuer.

## *Des faits en lien direct avec le cœur de l'évolution*

Comment cela se fait-il que cet inconscient ne fasse pas la part des choses entre ce qui est bon pour moi, ce qui me rendrait heureux, en santé et ce qui me fait souffrir, me peine et me rend malade ? Pour répondre à cette question, il faut nous plonger au cœur de l'évolution pour mieux comprendre ce que transporte l'inconscient dans ses bagages.

Je vais reprendre pour cela un article que j'ai écrit en 2009 sur ce sujet : *L'élévation de conscience, un mythe ou une réalité ? L'humain est-il bon ou mauvais ?* Pourquoi existe-t-il tant d'actions, tant de faits, tant de situations en opposition avec le rêve de l'humanité, de vivre dans la joie et le bonheur ?

La violence, le chaos, l'injustice et la souffrance ont toujours occupé une part importante dans l'histoire de l'humanité. Est-ce un fait typiquement humain ? Je ne crois pas. Il serait naïf de croire que seuls les humains ont ce monopole. La violence se trouve à tous les niveaux de l'évolution, tuer n'est pas une invention de l'homme, mais bien de la nature. Dans la nature, la notion de mal et de bien n'existe pas. Le crocodile ne s'excuse pas d'avoir croqué la jambe d'un touriste imprudent, ni la lionne d'avoir déchiqueté un jeune impala qui courait moins vite que les autres vu son jeune âge…

Nous, les humains, avons glorifié et anobli cette violence par des attitudes sociales moralisantes. Le mythe du héros en est un bon exemple : le super policier qui tue tous les méchants ou encore les 300 héros des temps anciens qui ont mis en pièces des milliers de méchants barbares… La force et le pouvoir sont glorifiés. N'est-ce pas aussi de la violence ?

Ce comportement humain ne provient-il pas directement d'un comportement biologique que l'on retrouve à tous les niveaux du règne biologique, végétal et minéral ? Il emprunte des aspects les plus complexes. Pour ne parler que du règne biologique, à l'échelle moléculaire, les myxobactéries se regroupent en meute pour attaquer leur proie.

Prenons l'exemple des fourmis, qui mettent au point des stratégies pour attaquer une autre colonie et en faire leurs esclaves. Quant aux singes, ils forment des alliances pour s'emparer des femelles et du territoire d'un clan adverse, et le mâle dominant se défoule sur les autres situés en bas de l'échelle de préséance…

Les humains s'inscrivent bien dans ce plan naturel de la vie. Ce mal est donc génétiquement inscrit dans nos gènes Il serait en nous depuis l'aube des temps, même depuis les origines de la création de notre univers, mais nous refusons parfois de le voir.

Ces aspects cachés monstrueux, inséparables de notre fonctionnement biologique, sont enfouis dans notre nature. Nous ne pouvons faire abstraction de cette partie intime de l'être même si celle-ci nous déplaît… et pourtant.

## *Différents niveaux de conscience*

Il existe ce que nous appelons la « conscience » ou l'« état de conscience ». J'aimerais faire une distinction avec la conscience primaire passive et la conscience supérieure d'accès active (la conscience absolue). La conscience primaire passive est présente chez de nombreux animaux et nous permet principalement d'avoir conscience de notre environnement à l'aide de nos sens. Elle n'est accompagnée d'aucune impression subjective d'être une personne (comme la conscience de soi) avec un passé et un futur (présent remémoré).

Cette conscience fonctionne sans attention nécessaire et laisse l'inconscient diriger totalement notre vie, puisqu'elle est passive, l'information venant de l'inconscient vers le conscient. Notre corps biologique fonctionne à 98 % d'une manière inconsciente sans même que nous y pensions.

Or, dans cette inconscience flottent toutes nos souffrances du passé et les réactions inconscientes imprégnées du passé génétique dont nous avons parlé plus haut. La « conscience supérieure » active s'ajoute à la conscience primaire et se matérialise par son action volontaire dans son environnement.

Celle-ci ne fonctionne qu'en état d'attention et d'éveil. Cette fois, l'information circule du conscient vers l'inconscient. C'est ainsi qu'une action menée avec cette conscience absolue permet d'agir sur notre corps biologique ramenant, par exemple, la paix et l'harmonie dans notre être, là où régnaient le chaos et la souffrance.

La conscience absolue existe au sein même de nos cellules, c'est ce que Bruce Lipton, docteur en biologie, appelle la « conscience cellulaire ». Le corps humain où vivent de plus de 50 000 milliards de cellules est une merveille d'intelligence, d'harmonie et d'énergie biologique. L'évolution de notre nature continue et cette conscience cellulaire transcende le corps humain pour que se constitue dans une autre étape de l'évolution le corps de l'humanité. Cette conscience supérieure d'accès doit être active, volontaire et permanente, ce que j'appelle la « conscience absolue ». Ce corps de l'humanité s'intègre ou se réintègre à un principe encore plus grand, la conscience universelle.

Notre conscience absolue n'est pas entièrement réalisée ou a eu besoin d'une période de transition. Dans cet état de première conscience est apparu ce que l'on appelle dans différentes traditions un état de souffrance, un corps de souffrance ou une chute de l'Éden, le péché originel, etc. Mais pourquoi devrions-nous souffrir pour accéder à une conscience supérieure ou au bonheur permanent ?

## *Quand l'histoire change*

Permettez-moi d'illustrer mes propos par une histoire fictive, bien que très réaliste. Retrouvons-nous, il y a quelques millions d'années, dans un environnement luxuriant et verdoyant, type Tahiti en été. Notre peau adaptée pour la chaleur est lisse et sans poils, température oblige (quand je dis « nous », je ne parle pas de vous et moi, mais des créatures peuplant notre Terre il y a plusieurs millions d'années). Soudain, badaboum ! Le climat se détériore et vlan, nous voilà avec un environnement type pôle Nord du jour au lendemain ou, du moins, sur un délai très court. Que va-t-il se passer ?

La plupart des créatures risquent de mourir de froid et même de faim, n'étant pas prêtes à ce froid sibérien. La nature en perpétuelle évolution et adaptation va réagir. En effet, pour permettre aux créatures de survivre, notre corps va produire un élément miracle : le poil et la fourrure… et cela, tout naturellement. Bien sûr, beaucoup n'auront pas la chance de survivre, n'ayant pas suffisamment de poils pour se protéger du froid.

D'autre souffriront aussi cruellement du froid, mais survivront et, avec un peu de chance, certains pourront ainsi transmettre génétiquement ce besoin de longs poils pour survivre aux générations suivantes jusqu'au jour où la mutation sera terminée et que la souffrance aura disparu. Enfin, ce sera le retour au bonheur et à la joie de vivre... Merci, mère Nature !

## *La transition vers la conscience supérieure*

Nous sommes actuellement nous aussi dans une transition. Cette transition vers cet état de conscience supérieure me fait penser à cette histoire. Nous sommes dans la souffrance, car il nous manque « du poil ». Ce « poil » n'est pas assez long pour nous protéger de « notre passé inconscient » qui domine notre vie, et à cela s'ajoutent les monstres qu'il a engendrés : ego destructeur et assoiffé de victoires, mental dominant et exploiteur, pulsions incontrôlées, émotions esclavagistes, besoin de sécurité : il y a vraiment de quoi souffrir !

Il est donc nécessaire que chacune de ces cellules qui composent l'humanité, c'est-à-dire nous, les humains, devienne toute consciente de la nécessité de créer l'équilibre au sein même de ce corps et de son environnement. De nous éveiller à ce besoin vital d'accéder à cette conscience sous peine de disparaître, tous morts à cause de notre inconscience chronique... ou par manque de « poils ».

Nous ne pouvons pas faire n'importe quoi. Imaginez-vous ce qui se passerait dans notre système si chaque cellule de notre corps biologique se mettait à produire n'importe quoi... C'est pourtant un peu ce qui se passe dans nos actes et actions, pour nous-mêmes et pour notre planète.

Vous voyez le résultat autour de vous ? C'est ce qui se passe en vous. N'est-il pas juste de dire que nous souhaitons tous le bonheur dans cette vie ? Cet état de félicité tant rêvé, tant voulu par nos démarches, dans nos cris... Pour cela, il faut s'y mettre ! Heureusement, l'humanité est en mutation et beaucoup ont déjà bien amorcé le changement vital.

Nous sommes responsables de notre vie, cette vie qui coule en nous comme dans tout ce qui nous entoure ainsi que dans le reste de l'univers.

Nous sommes avant tout la vie, soyons la vie ! Ne pas en être conscient, c'est se considérer comme « inexistant » et c'est surtout risquer de mourir de « froid » et dans la souffrance.

Il reste un peu de chemin à faire et cela commence par le « HIC ET NUNC », devise de la chevalerie du 11e siècle qui veut dire, comme vous l'avez certainement deviné : « ICI ET MAINTENANT », car nous n'existons que là.

Notre conscience supérieure, c'est celle qui nous rend conscients de notre existence. Aujourd'hui, il nous incombe d'utiliser cette conscience pour notre bien-être et notre bonne santé. Facile à dire, n'est-ce pas ? Tout le monde le dit, c'est écrit dans tous les livres…

« J'essaie et je n'y arrive toujours pas ! »

« Comment faire mieux ? » me direz-vous.

J'aurais le goût de discourir, tellement il y a de choses qui me viennent à l'esprit. Je le ferai dans d'autres livres. Parler du menu ne remplit pas le ventre ! Oui, il faut tout de même laisser le temps à l'eau bouillante de cuire les pâtes un minimum, sinon elles risquent d'être indigestes. Poursuivons avec une petite sauce : les pâtes n'en seront que meilleures.

J'aimerais ajouter une comparaison entre le fonctionnement d'une cellule et le fonctionnement d'un être humain.

Comme nous l'avons vu plus haut, les cellules possèdent des protéines réceptrices et effectrices. L'être humain a aussi ses « protéines réceptrices » et « ses protéines effectrices » : les cinq sens et nos perceptions. Pour certains, il s'agira aussi du mental, de notre ego et de notre intelligence, alors qu'on parlera de nos émotions pour les autres. Toutes ces informations perçues et traitées vont aussi modifier notre comportement. La conscience n'est pas seulement dans la tête, mais dans toutes les cellules de notre corps.

La conscience est globale et unie. Ne pas comprendre ce schéma revient à désolidariser l'ensemble des systèmes, des sous-systèmes, des cellules et des autres cellules. C'est comme si la lumière du matin était indépendante du lever de soleil. Tout se tient ! Dans notre corps tout se tient, n'essayons pas de réinventer la nature. Observons, apprenons et devenons des maîtres pour accomplir notre chef-d'œuvre ; s'aimer en force, en beauté et en harmonie !

# Chapitre 6

## Croissance (signifie que tout va bien) et défense (rien ne va plus)

« Toute notre éducation nous pousse à devenir quelque chose, à être quelque chose. Si l'on est pauvre, on souhaite devenir riche — si l'on est riche, on souhaite plus de pouvoir. Religieusement ou socialement, on veut toujours devenir quelque chose. Dans cette volonté, dans ce désir de devenir, il y a la comparaison. Vivre sans comparaison, c'est la chose extraordinaire qui arrive quand on n'a pas de mesure. Tant que l'on mesure psychologiquement, la peur est inévitable parce que l'on lutte toujours et que la réussite n'est pas assurée[6]. »

Nous avons vu que notre inconscient fait de son mieux avec les connaissances qu'il a. Je vais vous parler d'un système important de notre corps qui fonctionne d'une façon automatique (inconsciente) et sans qui nous n'existerions sans doute plus.

---

6. Krishnamurti, J. *La flamme de l'attention*, Paris, Édition du Rocher, 1988, 220 pages.

Je veux parler du système nerveux autonome. Certains le connaissent déjà. Je vais simplement rappeler les grandes lignes de son fonctionnement. Ce système se subdivise en trois sous-systèmes : le système orthosympathique (communément appelé « sympathique »), le système parasympathique et le système nerveux entérique (intestinal).

## *Comprendre et reconnaître nos réactions de stress*

Comme j'aime illustrer mes propos, nous allons faire un voyage dans une machine à remonter le temps, accrochez-vous. Attention, c'est parti !

Nous sommes dans une grotte, il y a 25000 ans. C'est la nuit, il y a un grand feu au milieu de cet espace rustique. Nous sommes tous ensemble. Certains se laissent aller à peindre une murale des images du jour, d'autres maternent, d'autres taillent la pierre, d'autres manquant de poils se font une parure en peau de zébu. Pour ma part, j'écris, enfin je burine des mots, disons des signes, sur une pierre avec un silex. Somme toute, nous sommes affairés à des activités bien paisibles et pittoresques.

Soudain, un rugissement puissant se fait entendre ! GRRRROWNNNN ! ! ! ! Un ours de cinq mètres se dresse à l'entrée de la grotte, enragé et de très mauvaise humeur. Il a faim. *Stop !* Arrêt sur image ! Ce qui va se passer à cet instant va se dérouler à une telle vitesse que je dois arrêter l'action afin que je puisse vous en expliquer quelques détails importants pour notre survie.

Notre inconscient va réagir à la vitesse de l'éclair en activant le système sympathique : une poussée d'adrénaline en vue d'une activité physique hors norme pour le combat ou pour la fuite (entre nous, le combat, pas sûr…), augmentation du rythme cardiaque, augmentation de notre capacité respiratoire (il va falloir de l'oxygène pour nos muscles et du souffle pour courir vite), augmentation de la pression artérielle.

Pour concentrer un maximum d'énergie vers notre survie, il va ralentir ou stopper des systèmes comme la digestion, le système immunitaire, le système reproducteur (en effet, ce n'est pas le moment, me direz-vous…).

Reprenons le cours de notre histoire… L'ours enragé sème donc la panique au sein de notre communauté effrayée. Sous l'effet de l'action du système sympathique, notre réaction est rapide. Ce n'est pas la première fois que nous sommes agressés par ce monstre. Avec l'expérience, nous avons mieux choisi notre endroit de repos et avons prévu une deuxième sortie dans le fin fond de la grotte, suffisamment étroite et inaccessible pour ce géant monstrueux. C'est la panique ! Tout le monde fuit et, fort heureusement, échappe à la bête. Nous nous dirigeons en toute hâte vers un endroit situé à quelques kilomètres, laissant notre ancienne demeure à la fureur de l'animal.

Nous sommes toutes et tous là, encore tremblants, essoufflés et apeurés, mais vivants. Que la vie est bonne !

C'est là qu'entre en jeu le deuxième sous-système, soit le parasympathique, qui a des effets inverses au précédent.

Le système parasympathique apporte apaisement et détente. La respiration se calme et le flux sanguin se réorganise en envoyant le sang dans toutes les parties du corps, en contractant les vaisseaux trop dilatés et en dilatant ceux qui étaient trop contractés.

Le sympathique, lui, priorisait les muscles et le cerveau. Il rétablit également le fonctionnement normal des activités qui avaient été suspendues durant le danger (digestion, élimination, reproduction, etc.). Le corps reprend son activité régulière. Ça, c'est un stress normal.

Et attention, allez hop, on revient tous à ici et maintenant dans notre vie des temps modernes !

Donc, à la lumière de cette mise en situation, vous comprenez à quel point on peut amener des surcharges de stress inutiles à nos cellules si on ne vit pas dans un état de conscience amélioré. On comprend que ce cas-ci était une situation d'urgence extrême. On sait aussi qu'il est possible que nous fassions l'expérience de scénarios comparables en termes de stress dans notre réalité contemporaine. Je vous invite donc à prendre quelques instants pour vous demander si vous laissez entrer des ours dans votre monde intérieur, dans votre vie ou, pire encore, si vous avez de la facilité à vous en créer mentalement.

Avec cette imagerie ludique, j'espère qu'il vous sera plus facile de reconnaître les situations où vous risquez de laisser votre énergie et votre vitalité se dissiper par des réactions qui étaient devenues si automatiques jusqu'à ce jour.

En fait, au risque de me répéter dans des mots différents, être heureux, calme et en paix, ce n'est qu'ici et maintenant que ça peut se vivre, à la seconde même en accédant à cette nouvelle conscience qui libère et en se faisant aider au besoin. Se faire aider est merveilleux, mais il est essentiel de le faire avec la ferme intention de procéder à la création sincère d'une nouvelle vie pleinement épanouie et de vouloir enfin vivre en vibrant autrement.

Combien de fois ai-je pu rencontrer des gens dans ma pratique qui venaient me voir en tant que ixième thérapeute. Parfois, c'est un fait que les approches précédentes n'avaient pas donné les résultats que la personne recherchait. Parfois aussi, je pouvais remarquer que la perte du mal-être risquait de créer de l'insécurité chez la personne. Un peu comme si son identité était inconsciemment devenue ce problème.

Ainsi, les « ours » peuvent mieux faire la fête à ses dépens, tant et aussi longtemps qu'elle n'arrivera pas à entrer dans un nouvel état de conscience qui ouvre enfin la porte de la joie et du bonheur, en plus de libérer le corps et l'esprit.

# Chapitre 7

## Les dégâts des « ELD » (émotions longue durée) et du stress prolongé

« Que se passe-t-il véritablement quand le penseur est la pensée, de même que l'« observateur » est la chose observée ? Que se passe-t-il ? Dans un tel état, il n'y a pas de séparation, pas de division, et par conséquent pas de conflit ; et plus besoin de contrôler ni de mouler la pensée. Que se passe-t-il alors ?

La pensée continue-t-elle à vagabonder ? Avant, il y avait un contrôle de la pensée, une concentration, il y avait un conflit entre le « penseur » se proposant de contrôler la pensée, et la pensée errant dans tous les sens. C'est là ce qui se passe tout le temps pour nous tous. Et puis, tout à coup, il y a une subite illumination par laquelle on aperçoit que le « penseur » est la pensée – c'est une réalisation, ce n'est pas une affirmation verbale, c'est un mouvement réel. »

Jiddu Krishnamurti

## *Les ours et vous*

Oui, les ours sauvages d'antan sont nos pensées d'aujourd'hui ! Nous avons beaucoup moins d'ours de 5 mètres de haut, Dieu merci, mais nous en avons plein la tête, de toutes tailles et parfois même plus grandes que King Kong l'ours. Vous me suivez ? Bon très bien, vous avez compris bien évidemment que je parlais du gorille géant King Kong !

Avoir des ours dans la tête semble moins dangereux qu'un ours dans la caverne, pensez-vous ? Non, l'un est aussi dommageable que l'autre. Notre système nerveux ne fait aucune différence entre un danger à l'extérieur et un danger créé de l'intérieur.

Il réagit de la même façon !

« Je suis en retard. »

« J'en ai un devant moi qui n'avance pas. »

« Je dois vite faire les courses. »

« Mon travail m'épuise. »

« Mon couple m'use. »

« J'ai des dettes. »

« Ciel, mon mari, la garderie ferme à 6 h et il est 6 h 15… »

Ours, ours, ours ! Toutes ces émotions désagréables engendrent des réactions de notre système nerveux autonome. Elles agissent aussi sur notre système hormonal pour augmenter ou ralentir le fonctionnement de nos organes.

En fonction de l'activation de nos hormones, nous pouvons ressentir de la colère, de l'amour ou de la peine. Ces hormones sont déversées directement dans la circulation sanguine par ce qu'on appelle les « glandes endocrines » telles que :

- le pancréas
- la thyroïde

- l'hypophyse
- la parathyroïde
- les surrénales…

…avec ce que tous les excès peuvent engendrer comme déséquilibres et pathologies.

## *L'adrénaline et ses effets*

Nous connaissons sans doute tous les effets de l'adrénaline qui nous donne parfois une force titanesque. Le cortisol augmente le taux d'acidité qui favorise l'arthrose et le développement de cancer et diminue l'efficacité de notre système immunitaire.

Il y a aussi des personnes qui deviennent accros à cette piqûre d'adrénaline, comme les coureurs automobiles. Elles cherchent leur dose quotidienne un peu comme si c'était une drogue nécessaire à leur survie. Si c'est flagrant dans le cas de l'adrénaline, il y a d'autres émotions un peu moins intenses, mais qui déclenchent les mêmes effets d'accoutumance que l'adrénaline.

## *Les émotions et l'harmonie*

Comme exemple, je vous donnerais le cas de « victimite aiguë », soit le besoin de se faire plaindre ou encore le besoin de n'être jamais content, jamais satisfait, de ne pas s'aimer.

C'est paradoxal, mais il y a des personnes qui préfèrent continuer de souffrir ou d'être angoissées, car c'est rassurant. C'est très insécurisant de vouloir changer quelque chose que notre être entier connaît bien et dans lequel il excelle. On est drogué aux hormones de la souffrance. Nous cherchons l'harmonie, mais vous rendez-vous compte qu'être en souffrance, mal épanoui ou fauché et sans emploi, peut aussi être une autre espèce d'harmonie ? Nous devons simplement faire attention à cette harmonie.

Si ces émotions ayant enclenché le système sympathique (stress) se prolongent des jours, des semaines ou des années sans que l'on en ait conscience, ou alors que l'on prenne trop de temps à réagir, elles risqueront petit à petit de dégrader notre être.

Vous en reconnaîtrez certainement plusieurs parmi ces exemples:

- une activité professionnelle avec des rapports humiliants ou dévalorisants ;
- une situation familiale lourde et difficile ;
- des problèmes financiers qui n'en finissent pas ;
- des angoisses ;
- les dépressions de toutes sortes qui nous suractivent et épuisent notre corps tout entier de même que notre esprit.

Ces émotions, Jacques Regard les appelle les « ELD » : émotions de longue durée. Elles se prolongent indéfiniment, car il semble ne pas y avoir de solutions. Souvent en consultation, j'entends des choses très douloureuses et cela me touche profondément de sentir cette souffrance ancrée au plus profond des gens. Des émotions qui sont soit reliées au passé, mais actualisées au présent, soit des situations toujours bien présentes.

## *Des influences passées toujours actives*

Cette souffrance venant du passé et parfois d'un passé bien lointain est encore bien active. Il faut peut-être se poser la question : aujourd'hui, là, maintenant, présentement, qu'est-ce qui m'empêche d'être calme et serein ?

Ces désagréables émotions de longue durée sont un poison qui peut être mortel. Je me demande parfois si les messages énergétiques véhiculés par les émotions désagréables ne pourraient pas déclencher une apoptose[7] énergétique de l'être.

Un phénomène a été observé dans certaines colonies de rats où, en cas de famine importante, un certain nombre de bêtes se suicideront pour laisser la chance aux autres de survivre. C'est en quelque sorte une « apoptose sociale ».

Les personnes qui sont sous l'emprise de ces émotions de longue durée n'arrivent pas à agir ou vont s'enfermer dans un état d'insensibilité, de dureté, voire d'agressivité vis-à-vis de leur environnement. D'autres vont se laisser aller, se négliger, sombrer dans les médications à outrance ou, pire encore, dans l'alcool, la drogue… la mort.

## *Les émotions et la santé*

Ces excès d'émotions qui sont en fonction de l'histoire, de l'hérédité et de l'Épigénétique de chacun peuvent favoriser l'apparition de dégradations de notre corps et de notre esprit telles que :

- des maux de dos ;
- des migraines ;
- une prise de poids ;
- une dépression ;
- un vieillissement prématuré de la peau ;
- un épuisement professionnel ;

7. L'apoptose, ou mort cellulaire programmée, est le processus par lequel des cellules s'autodétruisent sous l'impulsion d'un signal. La mort cellulaire est un phénomène naturel génétiquement programmé qui permet l'élimination des cellules inutiles. Il existe un équilibre étroit entre l'apoptose et la fabrication de nouvelles cellules ce qui permet d'éviter la prolifération cellulaire. Quand l'apoptose ne fonctionne pas, les cellules peuvent se multiplier de façon anarchique et être à l'origine de cancer. [http://sante-medecine.commentcamarche.net/faq/8136-apoptose-definition].

- une perte de poids ;
- un débalancement hormonal ;
- des problèmes cardiovasculaires ;
- des problèmes gynécologiques ;
- des maladies de peau ;
- de l'hypertension ;
- des répercussions sur le développement physiologique et psychique du bébé ;
- un ralentissement de la guérison ;
- des troubles digestifs ;
- du diabète ;
- des maladies graves ;
- des cancers ;
- etc.

Je vous invite une fois de plus à prendre un temps d'arrêt pour faire une introspection sur ce qui peut créer des émotions de ce type en vous.

À la lumière de tout cela, on constate que le stress de même que les pensées et les émotions négatives influencent les glandes endocrines qui, à leur tour, influencent les sensations perçues. La tension émotive est à l'origine d'une foule de malaises qui peuvent se traduire comme mentionné précédemment. On pourrait même ajouter à cela le risque de se retrouver dans certains cas avec une perte d'intérêt pour le travail, de la fatigue accrue, une perte d'efficacité et de productivité.

Pourtant, plusieurs croient et disent que « C'est les nerfs, c'est nerveux. » Ils évitent ainsi de s'attarder au vrai problème, soit par ignorance soit par procrastination, c'est-à-dire cette tendance chronique à remettre à plus tard. Les gens ne sont souvent pas prêts à se faire dire qu'ils sont plutôt responsables de leur mal-être, de leurs problèmes. Il leur faut donc des pilules, des baumes et des pansements pour cacher la vérité sur des souffrances profondes non résolues.

Rien ne sert de se culpabiliser quand on parle ainsi. L'important est de réaliser que nous avons le pouvoir d'ajouter à notre vie de la douceur, de l'amour, du rire, du temps pour soi et de poser des actions concrètes en ce sens. Chacun fait du mieux qu'il peut avec les ressources qu'il a actuellement, mais l'important est de toujours continuer à ajouter des ressources.

En résumé, l'émotion se manifeste par des modifications chimiques et physiques qui s'expriment dans tout l'organisme, notamment sur le visage, devenant alors perceptibles pour les autres. Les émotions négatives donnent souvent un signal exagéré au corps. En effet, si l'amplification mentale se met en plus de la partie, le corps reçoit un signal équivalant à celui envoyé pour réagir à une urgence alors qu'il n'y a pas urgence. Par conséquent, l'adrénaline reste prise dans les cellules et c'est nuisible.

Les bonnes pensées et les bonnes émotions ont une double raison d'être. Premièrement, on peut dire qu'elles doivent tenir la première place dans notre esprit pour maximiser notre santé mentale et physique. Deuxièmement, elles aident à équilibrer le fonctionnement endocrinien. C'est cet équilibre émotionnel, physique et énergétique qui fait dire « Que je me sens bien »... et, surtout, à le ressentir !

# Chapitre 8

## Les freins à l'autoguérison

« La réalité ne peut pas avoir lieu si vous êtes dans un état de devenir, de conflit ; elle ne vient que là où se trouve un état d'être, une compréhension de ce qui est. Vous verrez alors que la réalité n'est pas dans le lointain ; l'inconnu n'est pas loin de nous : il est dans ce qui est. De même que la réponse à un problème est dans le problème, la réalité est dans ce qui est. Si nous pouvons le comprendre, nous saurons ce qu'est la vérité. »

J. KRISHNAMURTI

### *Les fausses croyances*

Par notre façon d'exister, par notre attitude, ne sommes-nous pas comme ceux qui, en d'autres temps, refusaient de croire à l'électricité et à la radio ? Y a-t-il encore des humains qui refusent par principe ou croyance d'admettre que le bonheur, c'est « ici et maintenant » que cela se passe ? Ce sont des questions que je pose en général, chacun de vous pouvant se poser les questions qui lui semblent opportunes.

Albert Einstein a donné son opinion sur les négateurs de cette espèce. *« Ce sont des gens qui n'ont pas davantage le sens du possible que du merveilleux, des êtres qui ne possèdent pas le sens du mystère… »* L'illustre physicien ajouta, afin qu'il n'y eût aucune équivoque sur la nature et la portée de son opinion : *« Ces gens sont des infirmes : je les plains…*[8] *»*

- Des questions se posent à cet effet.
- Est-ce une fatalité ?
- Peut-on se sortir de notre vision ?
- Par quoi suis-je limité ?
- Pourquoi est-ce si difficile d'être heureux et de vivre dans la joie, la paix, l'harmonie et en santé ?
- Quelle en est la cause ?
- Puis-je inverser ces processus et ces états ?

Les réponses s'en viennent ! On dirait que plus nous nous éloignons de notre naissance, plus cela devient compliqué d'être heureux. Notre ouverture, notre perception de la vie semblent se limiter petit à petit pour ne laisser place qu'aux systèmes de croyances ou de vie mis en place par les parents, par les sociétés. On devient des « mèmes ».

Le mème peut se définir comme un élément d'une culture pouvant être considéré comme transmis par des moyens non génétiques, en particulier par l'imitation. Un mème peut être une idée, un comportement, un élément culturel, etc. Il existe par ailleurs une science appelée la « mémétique » que Jean-Paul Basquiast[9] définit comme suit : « La mémétique est l'étude des représentations qui circulent entre les individus et les groupes et se transmettent par imitation : modes, slogans, etc. »

On sait que les premières années de la vie d'un enfant sont d'une importance capitale dans la construction de sa structure de pensée, dans

8. St-Bonnet, G. *Initiation et pouvoirs*, Éditions A.G.I., 1966, 171 pages.
9. Basquiast, Jean-Paul. *Science de la complexité et vie politique, tome 1 : comprendre*, Éditions Automates Intelligents, Paris, février 2003, 161 pages.

la construction des valeurs sur lesquelles il va fonder ses croyances, ses références, sa vérité et ainsi préparer inconsciemment son futur.

Combien il sera difficile de contrer ou d'oublier les « traumatismes » incrustés dans notre corps lorsque ceux-ci sont subis durant cette période. Traumatismes renforcés par de nouvelles expériences devenues parfois des schémas que nous vivrons ou revivrons au cours de notre vie. Un cycle infernal, un peu comme une eau de source teintée à vie par la couleur de la souffrance.

## *L'ouverture de conscience, un incontournable*

Depuis fort longtemps, on nous parle de bonheur, de paix, d'amour. C'est sans doute la partie la plus importante de la littérature, toutes langues et civilisations confondues. Les ouvrages sur la sagesse, sur la conscience et sur la paix intérieure se comptent par millions. Pourtant, lire ne semble pas suffisant. Cette misère et cette souffrance se retrouvent tant au niveau individuel humain (microcosme) que collectif (macrocosme). Que faut-il donc faire pour changer cet état ? Faire une révolution ? Combattre ou comprendre les origines de nos souffrances ou de ces schémas ? Renaître ?

Je suis bien d'accord qu'il faille changer cet état de souffrance par un état de bonheur permanent. Faire une révolution collective ? Peut-être, ce ne serait pas la première et encore moins la dernière. Est-ce concluant ? Je n'en suis pas convaincu au regard de l'histoire. Il y a 2000 ans, un dénommé Spartacus a mené une rébellion contre l'esclavage au sein de l'Empire romain. Mille ans plus tard, au Moyen Âge, l'humain était toujours aussi esclave. Aujourd'hui, l'esclavagisme existe toujours, même s'il est vrai qu'il ne porte plus le même nom. Bref, une révolution peut temporairement soulager, mais à long terme, cela ne semble pas très efficace.

Devrait-on essayer de comprendre les origines de nos souffrances ou de ces schémas ? Encore là, je n'en suis pas convaincu. Au fil des entretiens que j'ai eus avec de nombreuses personnes qui sont venues me consulter, j'ai été stupéfait et attristé de voir que certaines essayaient d'être en paix avec leur passé depuis 10, 20 voire 30 ans au travers de différentes thérapies ou sessions de toutes sortes, sans doute aussi intéressantes les unes que les autres. Elles sont toujours aussi souffrantes.

Renaître ? Naître à nouveau ? Si l'enfant naît de chair à la matière, il est néanmoins inconscient. Inconscient, car la matière qui le constitue n'est pas à pleine maturité. Sa conscience a besoin de grandir pour prendre forme, un peu comme les ailes d'un papillon qui ont besoin de se rigidifier pour lui permettre d'être pleinement papillon. La naissance de la chair à la matière, c'est la première naissance.

Généralement, c'est la seule naissance que l'humain reconnaît. Il y a une seconde naissance qui serait de naître de la matière à la conscience et de la conscience à l'esprit, ce que l'on retrouve dans différentes traditions, que celles-ci soient à caractère religieux, ésotérique ou spirituel, et sous différentes appellations : réintégration, éveil, initiation…

Ces traditions nous enseignent qu'il est nécessaire de comprendre et de « réaliser » ce qu'est la position de l'humain au sein de l'Univers. Elles nous enseignent aussi qu'il est vital de sortir de cet état hypnotique dans lequel nous sommes plongés involontairement ou volontairement et par quoi notre vision se trouve si sophistiquée et compliquée que tout effort semble vain. Un peu comme si on voulait voir la Gaspésie à partir des côtes bretonnes.

## *Choisir la joie*

Il faut avoir de soi-même une conscience globale, synthétique, une conscience qui n'est plus fonction de l'extérieur et du relatif, mais de l'intérieur et de l'Absolu… En d'autres termes, de l'âme, de l'être, de ce que toutes les créations ont en commun : la vie. Il faut donc parvenir, en conséquence, à « s'éveiller », c'est-à-dire à se soustraire à l'action de l'hypnose et des chocs, des envoûtements périphériques et à prendre en mains ses propres leviers de commande.

Beaucoup affirment que c'est par la souffrance que l'on peut y arriver. Je dirai que ce qu'ils obtiennent par la souffrance, nous pouvons l'obtenir beaucoup plus rapidement par et dans la joie.

Comment? Un bébé né de chair dans la matière commence par se laisser vivre. Il ne devient pas un sprinter de 100 mètres ou un champion de tennis le lendemain de sa naissance. Il va d'abord se découvrir… Naître de la matière à la conscience, à l'esprit. Cela commence par des petites choses simples dès le matin au réveil. Je prends conscience que je suis vivant, que je ne suis qu'une expression de la vie. Je m'étire et je m'éveille à moi-même, à l'amour que j'éprouve pour moi-même.

## *Bien définir l'amour et le vivre vraiment*

Vous avez déjà aimé? Vous savez de quoi je veux parler? On pense à cette personne, qui est présente à nous même si elle est absente de corps. Cela nous fait du bien de penser à elle. Nous aimerions la serrer dans nos bras, la caresser, la cajoler, la rendre heureuse, la voir sourire, l'entendre rire, la regarder dormir… On la voit dans le café le matin, son odeur, ses mots, ses paroles sont toujours avec nous, nous sommes perpétuellement amoureux, nous semblons ne former qu'un…

Est-ce que vous vous aimez? Vous aimez-vous comme cela? Si oui, vous êtes sur la bonne voie, sinon… Y aurait-il différentes façons d'être amoureux? Dites-moi!

Non, il n'y a qu'une seule façon d'être amoureux.

Alors, vous aimez-vous autant, sinon plus? S'aimer en se regardant dans le miroir, prendre conscience de l'être que nous sommes, prendre le temps de s'aimer, de se dorloter, de nourrir son corps avec amour. «Comment est-ce que je me sens aujourd'hui?» Si des pensées autres que celles que je souhaite m'assaillent, je les stoppe, car ma priorité, c'est moi et, moi, je m'aime comme personne ne pourra m'aimer. Non pas que les autres en soient incapables, mais tout simplement parce que je suis «Moi» 24 heures sur 24, de ma naissance (avant, je ne sais pas) jusqu'à ma mort (après, non plus).

Ma vie, c'est ici et maintenant qu'elle se passe! Si je suis dans une situation inconfortable, j'ai plein d'outils à ma disposition (mes émotions, mon ego, mon intelligence, mes forces, mes faiblesses, mon mental…)

pour me sortir de là et j'ai beaucoup d'amour à me donner. Mais commencez par des choses simples… la suite viendra d'elle-même. Il faut « s'entrainer » à être heureux, comme le dit si bien Matthieu Ricard. J'ai bien parlé d'outils en parlant d'intelligence, d'ego, de mental. Souvent, on s'identifie à ces outils. Non, l'Être n'est pas cela, ce que nous sommes est bien plus que cela, nous sommes la Vie. Mais il n'est pas facile de l'apercevoir, trop d'évidences cachent les lois universelles de la vie.

## *Connaissez-vous l'*Allégorie de la caverne[10] *de Platon ?*

Voici un résumé de l'*Allégorie de la caverne* de Platon :

« Dans une demeure souterraine, en forme de caverne, des hommes sont enchaînés. *Ne nous ressemblent-ils pas ?* Ils n'ont jamais vu directement la lumière du jour, dont ils ne connaissent que le faible rayonnement qui parvient à pénétrer jusqu'à eux. Des choses et d'eux-mêmes, ils ne connaissent que les ombres projetées sur les murs de leur caverne par un feu allumé derrière eux. Des sons, ils ne connaissent que les échos.

« Que l'un d'entre eux soit libéré de force de ses chaînes et soit accompagné vers la sortie, il sera d'abord cruellement ébloui par une lumière qu'il n'a pas l'habitude de supporter. Il souffrira de tous les changements. Ses sens seront perturbés par des images, des sons, des odeurs inconnues. Il résistera et ne parviendra pas à percevoir ce que l'on veut lui montrer. La peur de cet inconnu pourra s'emparer de lui jusqu'à peut-être lui faire perdre raison.

« Alors, *ne voudra-t-il pas revenir à sa situation antérieure* ? S'il persiste, il s'accoutumera et cela sera la révélation, il pourra voir le monde dans sa réalité. Prenant conscience de sa condition antérieure, ce n'est qu'en se faisant violence qu'il retournera auprès de ses semblables. Mais ceux-ci, incapables d'imaginer ce qui lui est arrivé, le recevront très mal et refuseront de le croire : *ne le tueront-ils pas ? Le prendront-ils pour un illuminé ?* »

---

10. Badiou, Alain. *La République de Platon*, Paris, Arthème Fayard, 2012.

# Chapitre 9

## Ma recherche du bonheur et mes découvertes

Bref, je suis comme vous, un « cherchant ». Depuis mon état d'enfant jusqu'à aujourd'hui, je me suis posé des questions sur notre nature. Sommes-nous un « qui » ou un « quoi » ? J'ai souvent cru que j'avais trouvé. La religion nous appelle « fils ou filles de Dieu, ou enfant de Dieu ». Un enfant, c'est un « qui ».

À partir de cette identité, j'ai cherché à comprendre la relation entre moi et Dieu. Toutes les images que j'ai vues me satisfaisaient, même si bien des questions demeuraient sans réponses, dont le ciel et l'enfer, sans compter le purgatoire.

En résumé, et cela n'engage que moi, je dois avouer que *« souffrir » pour être « heureux » après la mort*, j'y croyais difficilement et cela me laissait un goût de « pas assez ». Sans doute que cela me dépassait un peu aux vues de certaines personnes qui ont une foi très « consistante ». J'avais en effet un peu de mal à imaginer des êtres supérieurs nous créant pour nous laisser ensuite nous débrouiller.

## *De profondes recherches existentielles*

Je continuais de chercher dans d'autres voies plus palpables pour moi. J'étais convaincu que les choses étaient plus simples que cela. « Le bonheur que je désire, c'est ici et maintenant », me suis-je dit !

Pour m'éviter de réinventer la roue, je regardais ce qui avait été fait avant ma « naissance ». J'ai exploré plusieurs avenues, dont l'alchimie, une voie qui cherche les fondements de la vie… au travers de la matière. La mystique rhénane aussi, un courant religieux et théologique chrétien de la fin du Moyen Âge, principalement actif en Allemagne (autour du Rhin, origine de son nom) et parmi les dominicains (source : Wikipédia), une mystique de l'être.

Les philosophes grecs m'ont permis de découvrir une concentration fantastique du concept de l'être, ses rapports avec l'univers, les védas (visions ou connaissances en sanscrit ; source : Wikipédia) nous venant de l'Inde ancienne… Vraiment, chaque fois je me sentais sur la bonne voie, cela me remplissait de bonheur ou d'une certaine exaltation, et je me préparais au bonheur…

Au bout de quelque temps, l'euphorie faisait place à la déception. Je n'en savais pas beaucoup plus sur ma nature et comment être heureux. Je redoublais de raisonnements de tous genres. Il m'arrivait de me sentir épaté par tant de réflexions, tant d'intelligences plus complexes les unes que les autres.

Pourtant, toujours pas plus de bonheur. Je me tournais alors vers d'autres textes, d'autres civilisations, d'autres cultures plus exotiques. Je passerai sur les détails… pas beaucoup plus de bonheur. En résumé : un peu plus de connaissances, de perceptions et de visions, mais pas de bonheur permanent. Bien que j'étais en vie, j'avais plutôt l'impression de la subir.

Je croyais que j'étais arrivé au bout du chemin et qu'il n'y avait rien à trouver. On vit du mieux que l'on peut et tout ce triturage de l'esprit ne sert à rien. J'ai vécu comme cela pendant plusieurs années, en plus de fréquenter des cercles plus ou moins fermés, dont certains qui étaient vraiment fermés.

## *Enfin, des réponses*

Un jour, après un moment très difficile que je vous raconterai dans un ouvrage prochain, voilà que mon « mental » me génère une pensée pour le moins surprenante : pourquoi vouloir m'identifier ? Un animal, une plante, l'univers « sont » sans identification. Qu'est-ce qu'il y a de commun entre une plante, un poisson, l'univers et moi ? Qu'est-ce qui est en mouvement perpétuel ? Qu'est-ce qui semble avoir ni de fin ni de commencement ?

LA VIE, cette vie qui coule en moi. Oh ! Quel soulagement pour moi ! J'avais une réponse simple qui ne me demandait aucune argumentation. Je suis une expression de la vie. Je ne suis ni un « qui » ni un « quoi ». Je « suis une expression vivante » *tout simplement*. Or, il me manquait encore quelque chose pour être pleinement satisfait. Oui « être », mais comment pouvais-je savoir que je suis ? Ce fut une révélation, sans exaltation, un état neutre mais je sentais bien, détaché de tout, *même de moi-même*. Je me sentais *à la fois* observé et observateur.

Sans mots, sans pensées, sans ego et sans émotion, le temps n'existait pas, plus de croyances… J'observais un être en vie qui avait comme perdu la mémoire de ce qu'il est. Ma conscience m'observait. J'avais la conscience de moi. Était-ce moi qui *étai*s cette conscience ? Je n'avais aucune pensée suicidaire bien entendu, mais à cet instant la vie physique ou la mort n'avaient aucune importance.

J'étais dans un instant présent sans artifices, simplement conscient que *je suis* la vie qui coule en moi à cet instant. Il n'y avait rien d'ésotérique ou de métaphysique, seulement un état de conscience débarrassée des « parasites », sans ego, sans passé, sans mental, sans émotion.

À partir de cela, ma vie a changé : elle est au présent. Je nais à chaque instant, en effet d'un instant à l'autre biologiquement plus le même, tout en moi change, je suis différent à chaque instant, peu importe mon état, la vie est en moi, je suis la vie.

## *Le bien-être et la santé naissent de l'essence de la conscience*

Ma pensée, si elle est limitée par son état, devient encombrée de parasites de surfaces ou inconscients. Seule l'essence de la conscience peut nous ramener vers un état de bien-être et de santé permanents. Tout comme la vie s'exprime à travers tous les composants de l'univers, nos pensées peuvent être les expressions de la vie…

Ce mythe de la caverne que j'avais vu au cours de philo et qui ne m'avait laissé qu'un intérêt intellectuel m'a inspiré pour vous écrire aujourd'hui. Ce que je crois, ce que je pense ne sont sans aucun doute qu'un pâle reflet de ce qui est. Je ne me sens ni un « qui » ni un « quoi ». Je vis ici et maintenant, dans l'instant présent. Mon cœur « semble » être en paix. Merci, la Vie.

L'humain pense volontiers qu'il est le terme et l'aboutissement, l'être suprême de la création de l'Univers, le sommet de l'évolution, qu'il n'y a rien au-dessus de lui, si ce n'est Dieu (si celui-ci existe, bien sûr) et que tout, de la terre au ciel, se doit soumission et obéissance à cet homme au-dessus de toute la création.

Il a beau dénigrer, porter des jugements sur la vie qui est mauvaise et sur la société qui est mal organisée, il a beau se sentir victime et parfois même proclamer haut et fort sa faiblesse et sa misère, il n'en reste pas moins qu'il dorlote au fond de lui cette certitude que, tout de même, un humain, c'est quelque chose de divin.

## *Une vision particulière de l'humain*

Se pose-t-il la question à savoir s'il compte beaucoup plus, au regard de la mécanique de création universelle, que les fourmis et les rats ? Oserait-il imaginer qu'il est simplement là, comme certaines bactéries intestinales, pour collaborer à une fonction qu'il ignore ?

L'évolution de l'univers entier est bâtie sur l'utilisation et la transformation d'une catégorie par l'autre. Les végétaux se nourrissent de la terre. Viennent ensuite les animaux, qui se nourrissent de végétaux pour vivre, puis d'autres animaux qui assimilent des animaux. Pourquoi le cycle s'arrêterait-il à nous ? Pourquoi l'humain, à son tour, ne serait-il pas assimilé ou, en d'autres termes, mangé ? Pourquoi ne serait-il pas un maillon provisoire et temporaire de la création au même titre que nos chers dinosaures disparus ?

Certaines croyances assez répandues ne vous disent-elles pas que nos bonnes pensées sont la nourriture du bien et nos mauvaises pensées, la nourriture du mal ?

Croyez-vous qu'une guerre ou qu'une révolution soient uniquement motivées et conditionnées par des facteurs humains simplistes ? Les choses viennent toujours de beaucoup plus loin qu'on ne le pense ! Et tenez-le-vous pour dit : nous sommes en proie à des vibrations et des énergies que nous créons à chaque instant et qui nous dépassent le plus souvent. Nous sommes sous l'emprise de forces que nous ignorons.

Il existe des croyances qui parlent du monde invisible comme étant peuplé de « grouillements » de toutes sortes dont nous ne tenons pas compte puisque nous ne les percevons pas. Mais il existe des grouillements « énergétiques » que nous ne pouvons ni concevoir ni nommer. Leurs formes ne sont sans doute pas les nôtres. Ils habitent des dimensions de l'espace qui nous sont interdites ou seulement accessibles sous conditions. Elles sont pourtant là. En sommes-nous les fournisseurs, les nourrissons-nous ? Pouvons-nous dire que la société n'est que le reflet de notre état ?

Ainsi y aurait-il, dans les fonds de ces abîmes mystérieux qui nous encerclent, dans des buts qui nous échappent, des énergies qui détermineraient des courants de forces constructeurs ou destructeurs ? Ces courants nous affecteraient-ils au plan physique ou au plan mental, provoquant des perturbations physiologiques ou psychiques, créant les fatalités cycliques de démence ou de brutalité, dont ils ont besoin à des fins de satisfaire le plan cosmique ou divin ?

## *Osons dire les vraies affaires*

L'humain ne cesse d'être de la chair de l'évolution, pour échapper au déterminisme de la nature et de la mort qu'à partir du moment où il parvient à la deuxième naissance, où il naît de la matière à la conscience et de la conscience à l'esprit. Tant qu'il ne s'est pas éveillé ou réveillé, il appartient à la fatalité de l'inconscient.

Or, de toute évidence, étant données la puissance de ses instincts et la tentation de s'en servir, l'humain restant sous l'emprise de son inconscient les utilisera et, fatalement, s'engagera chaque jour un peu plus dans les ténébreuses régions d'où la souffrance lui arrachera le cœur.

C'est uniquement lorsque tout est en place dans l'organisme humain, uniquement lorsque l'être est suffisamment orienté vers l'amour de soi comme unique but que le déclenchement se produit de lui-même.

Toute la question, donc, se ramène à ceci : comment s'orienter, comment s'aimer ?

Quels sont les ennemis de l'amour de soi ? Je me réfère ici aux écrits de Georges St-Bonnet et dont je m'inspire, qui décrit très bien dans son livre *Initiation et pouvoirs*[11] les multiples dangers qu'il y a à vouloir se lancer à la conquête du bonheur.

> « C'est à cet échelon qu'interviennent, inventées par des humains, les mille et une méthodes de conquête du bonheur. Et là arrivent une multitude de dangers. »

### I. Il y a ce qu'il appelle les « *FAUX SAVANTS* »

Les faux savants prisonniers de leurs systèmes et de leurs croyances cristallisées, ceux qui ne veulent pas admettre que le monde va plus loin que leur horizon, qui prétendent enfermer l'univers dans les limites de leur savoir figé et qui se gargarisent d'hypothèses qui durent six mois, de philosophies qui se démolissent les unes les autres et de théories

---

11. St-Bonnet, G. *Initiation et pouvoirs*, Paris, Édition A.G.I., 1966, 171 pages.

« définitives, provisoires » qui ne leur servent qu'à faire du vent en société et qui tiennent pour offense personnelle que les vérités mystiques demeurent inentamées depuis des siècles.

## II. Il y a aussi les *IGNARES...*

Les grands esprits qui triomphent d'autosuffisance et pensent, à quarante ou soixante ans, que tout n'est que mensonges et foutaise, hormis ce qu'ils ont appris ou cru apprendre au collège...

Pour ceux-là, le monde s'est arrêté à la fin de leurs études. Ce sont des morts-vivants !

Et ils n'hésitent pas un instant à condamner Einstein, Bruce Lipton, Gregg Braden, qu'ils ne connaissent pas, au nom d'Euclide et de Démocrite, qu'ils ne connaissent d'ailleurs pas davantage... ou à louanger Jean Dismoitout et à crucifier un Pierre Jenesaisrien. Ou encore ceux qui se croient supérieurs à vous, car « eux » sont la spiritualité et, vous, vous ne le serez jamais...

## III. Et bien sûr, les *FAUX PRÊTRES*

Les faux prêtres que les dogmes enfument, qui écrasent l'esprit sous la lettre, qui passent leur temps à condamner, à culpabiliser, à lobotomiser ou à utiliser la crédulité des humains à leur profit, les enfermant à double tour dans un système de croyances, toutes plus fausses les unes que les autres.

- Alors, comment s'y retrouver ?
- Comment faire pour choisir la voie du bien-être et de la santé ?
- Où est le chemin ?
- Peut-on distinguer ce chemin avec tous ces écrans de fumée sortis tout droit de cerveaux en surchauffe ?
- Comment faut-il faire pour la trouver, cette voie ?

Je ne vous l'ai pas encore dit ? Je vous le dirai, rassurez-vous.

## *Ce qui nous manque :* COMPRÉHENSION ET PATIENCE

Il faut que nous accomplissions un certain périple. Nos yeux et notre conscience ne sont pas suffisamment ouverts. Vous allez tout de suite le comprendre…

Notre ensemble d'instruments, c'est nous-mêmes. Notre outil, c'est la compréhension par la conscience. N'est-ce pas sur elle, d'abord, que nous devons travailler afin de la préparer, de l'affûter et de la mettre au point ?

Seulement, voilà : l'impatience nous ronge, cette fameuse impatience qui nous fait souvent (pour ne pas dire toujours…) tout rater. Cette impatience est de toute évidence une reine chez nous dans le monde occidental. Tout doit être rapide. La restauration, les déplacements, les projets, les caresses, vite et bien, enfin si c'est possible…

Les sondages ne vont pas en notre faveur. Ici, par exemple, on fait un maître Reiki en moins de temps qui ne le faut pour le dire, soit tout au plus 20 fins de semaine, soit 40 jours. Au Japon, d'où vient cette discipline, c'est 15 ans à temps plein. Trouvez l'erreur. Il n'y a que certaines formations manuelles où on tient toujours compte du temps, comme la menuiserie ou l'ébénisterie, où l'apprentissage s'étale encore sur plusieurs années.

C'est un peu comme si cela prenait plus de temps pour assimiler du manuel que pour assimiler du spéculatif, dans le sens « travaux de l'esprit ». C'est vraiment mal connaître notre fonctionnement. C'est que le résultat du travail manuel se voit : c'est réussi ou c'est raté. Pour le travail spéculatif, comme cela ne se voit pas, il est facile de croire que nous avons tout compris et que sommes capables de chefs-d'œuvre ! Vous avez peut-être des exemples autour de vous, qui sait ?

Bref, nous voudrions savoir la fin avant d'avoir appris le commencement et, souvent, nous croyons que trois séances vont suffire à nous remettre en forme, heureux et en santé ! Il ne faut pas rêver, nous ne sommes pas tous des magiciens et la réalité est tout autre.

## *D'abord, accéder à la conscience de soi*

Je suis prudent lorsqu'on me demande : « Pouvez-vous faire quelque chose ? » Je réponds que je vais essayer, sinon je risquerais de me voir demander une facture avec un bon de garantie. Je pratique le S.H.E.M.© avec beaucoup de résultats positifs. Bien sûr, si je pouvais prétendre garantir votre autoguérison à 100 %, on pourrait m'appeler Jésus.

Pour revenir à mes consultations, j'amène les gens, petit à petit, à utiliser des outils simples pour tâcher de les mettre sur la voie.

« Doucement, nous allons franchir une marche à la fois... » Vouloir passer du mal-être au bien-être se fait graduellement, à son rythme.

Essayons donc, pour commencer, d'accéder à la conscience de nous-mêmes. Pouvoir nous observer. Ressentir notre état. « Comment est-ce que je me sens en ce moment ? » S'arrêter pour s'observer. Cela semble évident et facile peut-être, mais c'est le point de départ.

Nous sommes vivants sans en avoir conscience.

Nous vivons comme un animal humain mis en circulation. Nous allons, venons et parlons ; nous sommes dans l'état d'hypnose dont nous nous sommes entretenus. Peut-on dire que nous vivons ?

Non : nous sommes « vécus ». Nous ne vivons pas pour nous !

Nous sommes là en tant que « robots » seulement, des objets animés, des automates. Notre être réel demeure emprisonné au fond de nous-mêmes. Et il ne pourra dire « j'existe » qu'à partir du moment où cet être réel, ayant pris conscience de soi, rejettera hors de lui tout ce qui l'empêche de s'aimer afin qu'il anime en toute conscience sa vie !

En d'autres termes encore, et pour aller un peu plus loin, nous sommes le plus souvent en présence d'un être virtuel, d'un être sophistiqué peut-être, conditionné par ses croyances et qui n'a rien à voir avec l'être réel que nous sommes et qui souhaite vivre. Lorsque avec cet être virtuel, nous tentons de parler de ce que nous appelons « nous-mêmes », c'est encore à l'être virtuel, à l'être faux, à l'être résultant de notre non-conscience que nous nous rapportons. Impossible dans ces conditions de trouver la voie pour accéder à un état de bien-être intérieur profond et rayonnant de tous ses feux !

Tant que nous ne sommes pas conscients de nous et de l'amour que nous devons donner à l'être réel que nous sommes, il nous sera impossible de savoir ce que nous sommes, car nous dormons de ce sommeil semblable à celui d'un mort.

Il est nécessaire que vous arriviez (si ce n'est déjà fait) à une claire compréhension de cette donnée. Celle-ci est vitale et primordiale. Nous ne connaissons souvent que la partie superficielle de nous-mêmes, car nous sommes tournés vers l'extérieur.

Imaginez que nous soyons des œufs… Oui : des œufs. Des œufs de poule, ou de pigeon si vous préférez, ou de cane, ou d'oie, ou d'autruche ou de dragon. Peu importe la taille…

Bref, nous avons imaginé que nous étions des œufs. Imaginons maintenant que l'œuf réel, ce soit le jaune, et uniquement le jaune. Le blanc, qui est autour, ce sera l'apport de nos croyances, notre conditionnement, le factice, ce qui aura été surajouté.

Et voilà toute notre histoire : nous sommes des œufs qui ne se connaissent que par le blanc, que par l'extérieur si vous voulez, des œufs à qui le blanc surajouté masque le jaune fondamental et qui n'ont même plus la notion de ce jaune qui est leur être réel, leur seul être réel… Compris ?

Cela me fait penser à une personne, Emmanuelle, que j'ai reçue en consultation plusieurs fois, il y a plusieurs années. Elle était en dépression depuis des années, en raison de relations familiales difficiles, et elle avait le désir de changer de carrière. En effet, elle œuvrait depuis trop longtemps dans un domaine commercial stressant où la performance et l'obligation de résultats l'avaient menée dans un état d'épuisement professionnel avancé, ce qui n'arrangeait rien. Le côté positif de cette activité est qu'elle était à l'abri financier pour plusieurs années.

Elle consultait depuis quinze ans pour résoudre un problème de communication récurrent, notamment avec son père. Son père « ne reconnaissait pas sa valeur », disait-elle. « Il me reproche toujours mes choix et n'hésite pas à enfoncer le clou dans mes échecs. J'ai essayé d'en faire le deuil, mais je n'y arrive pas. J'ai tenté de faire la paix et je n'y arrive pas. Cela me peine énormément de ne pas être comprise et acceptée comme je suis. Je ne me sens pas appréciée à ma juste valeur. Je ne comprends pas, avec le bagage que j'ai, de m'en faire encore pour cela.

« Je me sens parfois moins que rien… »

De ce fait, cela se répercutait sur ses relations avec les hommes. Arrivée à la fin de la quarantaine, une panique émergeait du fond d'elle-même.

« Il est temps que je trouve quelqu'un qui m'aime pour ce que je suis, le temps passe, je vieillis, je me sens moins attirante. »

Vous imaginez sans doute très bien son état, angoisse sur angoisse, stress sur stress, souffrance sur souffrance ! Transformez tout cela en vibration. Imaginez son état vibratoire. Il vous est certainement arrivé de percevoir ou de ressentir une personne dans votre entourage vivant les mêmes émotions. Comment vous sentiez-vous en sa présence ?

Pour en revenir à elle, je me suis posé une question : n'avait-elle pas de miroir à la maison ? Ou avait-elle simplement les yeux dans le beurre ? Une femme en panique de la vision de son être virtuel. Moi qui la regardais, j'avais de l'empathie. Et je me disais : « Il suffirait simplement qu'elle se regarde dans les yeux de l'amour pour que sa vie change du tout au tout, presque instantanément, comme un coup de foudre ! »

Bref, je continue son histoire, panique, stress, changement de carrière, course effrénée chez des thérapeutes aux diverses approches, rien n'y fait. Toujours cette même angoisse qui lui donne souvent des insomnies, des malaises, des migraines, des débalancements hormonaux et la peur du futur.

C'est ici que cela devient intéressant. D'après vous, vers quoi voulait-elle orienter sa nouvelle carrière ? Elle voulait donner des conférences sur le bien-être, sur l'épuisement professionnel et sur la façon d'être heureux dans ses relations !

Jusque-là, rien d'impossible. Bonne présentation, brillante, éloquente, une expérience humaine propre, des sujets en vogue, tout semblait réuni pour le succès, sauf qu'Emmanuelle se demandait pourquoi, après chaque entrevue qu'elle avait pour proposer ses conférences, elle se voyait refusée !

Pas une fois, quatorze fois ! Ces refus ne faisaient qu'alimenter ses reproches sur ses incapacités et son incompétence à pouvoir devenir ce qu'elle souhaitait.

- ❖ Selon vous, où est-ce que le bât blesse ?
- ❖ Avez-vous mis le doigt sur ce qui lui pose problème en réalité ?
- ❖ Allez, avez-vous trouvé ?

Pour ceux qui nagent moins bien, je vais vous donner une réponse. L'état dans lequel se trouve Emmanuelle est incompatible avec ce qu'elle souhaite présenter. En effet, si l'ego et les apparences présentant son être virtuel peuvent masquer son état réel, c'est bien son état réel qui vibre et qui transparait.

Alors, présenter une conférence sur le bien-être en étant intérieurement à l'opposé, le receveur n'entendra pas les mots tels qu'ils sont prononcés, mais percevra la charge vibratoire négative de l'état réel dans lequel se trouve Emmanuelle ! Est-ce bien compris ? Est-ce que cela vous parle à l'intérieur de vous ? Vous êtes-vous déjà trouvé dans cette situation d'une façon inconsciente ou parfois même consciente ?

Êtes-vous, vous aussi, à la recherche de l'être qui va vous aimer jusqu'à votre passage à l'orient éternel ? Ne cherchez pas trop loin… il est tout proche de vous, il est vous ! Attention, je ne veux pas dire qu'il faut s'aimer et oublier d'être aimé par une autre personne, mais c'est une autre histoire que vous pourrez savourer lorsque l'être aimé sera perçu comme un cadeau et non pas un besoin. Et tant mieux pour ceux qui le vivent actuellement. Pour ce qui est d'Emmanuelle, je vous rassure, aujourd'hui elle a compris que s'aimer est la base de bonheur, elle est conférencière comme elle le souhaitait, en couple et en paix avec son père.

Pour arriver à cela, il faut se « sensibiliser » à la voix intérieure, c'est-à-dire à l'intuition, voilà l'un des meilleurs moyens de découvrir le jaune de l'œuf au travers du blanc, d'accéder au soi véritable, d'en prendre conscience et, enfin, « d'être soi-même »... C'est à partir de cet état que nous pouvons dire que nous sommes vivants, que nous sommes la vie.

Ces quelques pensées font partie de la philosophie de vie qui est enseignée aux futurs praticiens en S.H.E.M.©.

# Chapitre 10

## L'acceptation et le pardon

« L'effort n'implique-t-il pas que l'on cherche à tout prix à changer ce qui est en ce qu'il n'est pas, ou en ce qu'il devrait être, ou en ce qu'il devrait devenir ? Nous ne cessons de fuir ce qui est, tout en voulant le transformer ou le modifier. Celui qui est réellement satisfait est celui qui comprend ce qui est, qui donne à ce qui est son juste sens. Le contentement véritable ne réside pas dans la pénurie ou l'abondance de nos possessions, mais dans la compréhension de la pleine signification de ce qui est.

« L'effort, c'est ce qui nous distrait de ce qui est.

« C'est lorsqu'on admet ce qui est que cessent les efforts. Il n'y a pas d'acceptation de ce qui est s'il y a désir de le transformer ou de le modifier. Et les efforts – qui sont signes de destruction – persisteront tant qu'existera le désir de changer ce qui est. »

JIDDU KRISHNAMURTI

## *Mon opinion à propos de l'acceptation*

Il est souvent dit que pour aller de l'avant, que cela soit pour se guérir de situations physiques, psychiques, voire spirituelles, il faut passer par l'acceptation. Accepter sa responsabilité, reconnaître ses difficultés, accepter les faits et ne pas les renier, reconnaître ses manques, ses faiblesses, accepter d'avoir souffert ou de souffrir, bref accepter pour tenter de passer à autre chose.

Il faut que cette acceptation soit tellement profonde et intériorisée pour que toutes les frustrations, les colères et les regrets puissent faire place à un état de paix intérieur constructif afin de réellement favoriser l'autoguérison. En regardant la définition au dictionnaire, je trouve: «Action d'agréer quelque chose, consentement, accord, résignation.»

Quand l'acceptation devient nécessaire pour arrêter de souffrir ou se donner les chances de s'autoguérir, je dirais même «s'intra-guérir», eh bien, cela peut durer un certain temps, un mois, cinq ans, toute la vie, jamais. Il y a pourtant une kyrielle de praticiens de toutes sortes, habiles, sérieux, compétents qui sont là pour nous aider à «accepter». Cela doit sans doute fonctionner pour certains ou certaines.

## *Des témoignages révélateurs*

Mais pour ceux qui n'ont pas réussi à «accepter» et que je reçois en consultation dans mon cabinet, la souffrance est toujours là et très présente. Ils ont consulté à gauche et à droite, ils ont revécu ou vivent des situations de maladie, de stress, de douleurs, d'abus. Ils ont soigné ou du moins tenté de soigner et d'aimer leur «enfant intérieur», essayé de comprendre ce qui s'est passé et pourquoi ils souffrent, tenté de comprendre pourquoi c'est arrivé, pourquoi eux…

J'entends des horreurs passées et présentes, j'entends les échos de leurs douleurs et souffrances et ce qui en découle, comme étant toujours bien présents dans leur cœur et dans leur corps. J'entends aussi des situations et des états comme la solitude, la peur, l'épuisement, l'incompréhension, le rejet, l'angoisse, la maladie, la douleur, le cancer. Ils ont consulté, cherché des solutions pour accepter et passer à autre chose, sans jamais réussir à aller mieux et à se débarrasser une fois pour toutes de ce fardeau.

Le soleil se lève tous les matins, brillant avec ou sans nuages. Notre Lune a un cycle de 28 jours. Au Québec, l'hiver est assez froid. Dans une journée, il peut pleuvoir même si nous sommes dehors sans parapluie, chaque jour nous sommes plus vieux d'un jour, je pourrais, comme cela, remplir un livre de faits et de situations sur lesquels nous n'avons aucun pouvoir de décision pouvant changer la situation.

Si le soleil nous gêne au réveil, rien ne sert de le maudire, cachons-nous sous les draps ou mettons un store et l'affaire est réglée. Si la Lune influence nos hormones, vivons avec. Si l'hiver québécois est froid, allons ailleurs ou habillons-nous chaudement. Chaque jour, nous vieillissons.

« Mais où en est-il avec ses propos ? » devez-vous penser ! Ce que je viens de vous écrire doit vous paraître normal et il ne viendrait à personne l'idée de ne pas accepter le soleil et son lever. Si je vous demandais d'accepter ou pas le lever du soleil, vous risqueriez de me trouver quelque peu loufoque, non ? Pas besoin d'accepter, puisque ce n'est pas du domaine de l'acceptation, car il n'y rien à accepter. Ce qui va suivre risque d'en ébranler certains.

Pourquoi vouloir accepter, il n'en est rien.

Vouloir accepter, c'est sortir de la réalité pour partir dans un monde virtuel et mental dans lequel nous croyons pouvoir changer les choses qui nous arrivent ou qui nous sont arrivées. C'est un ours virtuel ! Notre corps et notre esprit ne font aucune différence entre le réel et le virtuel dans ses réactions. Un ours virtuel dans la tête, c'est une vraie peur qui s'installe dans notre corps, qui engendre un vrai stress, une vraie douleur, une vraie maladie ! Notre passé et ce qui nous arrive à chaque instant ne font pas partie du domaine de l'acceptation, c'est un leurre, une illusion !

Notre état et les situations que nous avons vécues et que nous vivons, nous n'avons pas à « les accepter » ou à ne « pas les accepter » ! C'est tout aussi loufoque que d'accepter un lever de soleil. Le passé fait partie de votre identité, oui, mais il ne peut se changer. Ce qui a été restera inscrit en vous quelque part dans votre corps, cerveau pour les uns, cellules ou inconscient pour les autres, bref le message est inscrit quelque part dans notre corps.

Faire l'effort d'accepter, c'est réactualiser et renforcer l'emprise des souffrances du passé, de la maladie d'aujourd'hui sur votre maintenant et sur votre futur, là où votre vie se passe et se passera !

C'est un peu comme si nous avions une blessure ouverte et qu'à chaque instant, nous la grattions. Vous avez peut-être des cicatrices sur le corps, elles font partie de vous, elles seront toujours là. Avez-vous dû les accepter pour que la blessure se transforme en cicatrice ?

Notre système de croyances de l'acceptation nous emmène sur une *voie de garage*. Ce qui est inscrit est inscrit, ce qui fait partie du présent sera devenu du passé dans quelques instants, n'existera plus et à cela nous ne pouvons rien changer. Arrêtons de croire à ce qui n'existe plus et tâchons de participer à la création de ce qui est sur le point d'exister, créer de ce qui existe et existera. Je parlerai du comment dans un prochain chapitre.

## *Le pardon, un autre miroir aux alouettes*

«Rien n'est peut-être plus égoïste que le pardon.»

PHIL BOSMAN

«L'âme supérieure n'est pas celle qui pardonne,
c'est celle qui n'a pas besoin de pardon.»

FRANÇOIS DE CHATEAUBRIAND

Oui, il y a aussi le pardon ! Je vais sans aucun doute en choquer plus d'une ou d'un… Le pardon fait partie de cette interface qu'est l'ego. Dans la nature, l'univers, le pardon n'existe pas. Ce qui est, est ! Le reste n'est qu'interprétation de notre esprit. Quand une personne nous fait du mal consciemment ou inconsciemment, elle ne fait que ce qu'elle peut, ce qu'elle est à ce moment présent.

À partir du moment où nous comprenons cette notion, il n'y a rien à pardonner. Même si nous en souffrons. Si un lion arrache la cuisse d'une gazelle, celle-ci pense-t-elle à l'offense ? Je ne le crois pas, même si elle souffre et qu'elle gardera mémoire de cette expérience si elle en réchappe…

Le pardon n'existe pas, car la faute n'existe pas ! La faute fait partie des croyances mythiques inscrites dans notre psyché (pensons à Adam et Ève), elle nous colle comme une seconde peau et transforme notre perception, transforme notre appréhension de la réalité que nous vivons ou subissons.

Elle s'exprime au présent dans notre matérialité et n'est que l'expression d'un état. Et si cette expression nous fait mal ou fait du mal, on ne peut rien y changer. En vouloir, haïr ou se venger sont des réactions égotiques. Nous donnons vie à ce qui n'existe pas dans l'univers. Nous sommes notre propre ennemi.

## *Le pardon, une perception à revoir*

Si l'on doit parfois pardonner, c'est que nous avons en nous encore de la souffrance, de la déception de ce qui a été et qui nous affecte encore.

À qui s'adresse ce pardon a peu d'importance, que ce soit à soi-même ou à un autre, vous avez fait du mieux que vous le pouviez en rapport avec la personne que vous étiez à ce moment-là, et l'autre a agi de même. J'avais lu une histoire d'un moine bouddhiste en Thaïlande qui, sous la torture, avait la pensée de ce qu'il adviendrait de lui s'il en venait à haïr son tortionnaire. « Si c'est ce qui arrive, eh bien, je n'ai rien compris aux lois de la vie », car, pour lui à ce moment de souffrance physique extrême, il considérait que son tortionnaire faisait au mieux de ce qu'il était à ce moment-là. Par conséquent, il n'avait rien à pardonner.

Pensez-vous que le pardon existe dans la nature ? Comme la gazelle, une biche doit-elle pardonner à la lionne qui lui a arraché la moitié de la cuisse ? Par bonheur, la biche s'est enfuie avec une grosse blessure, mais elle est vivante et la lionne est loin. Pensez-vous qu'elle va s'empoisonner la vie avec cette douloureuse rencontre ?

Non. Elle fera au mieux de ce qu'elle est jusqu'à la fin de ses jours. Elle tâchera, tout au plus, de ne plus se retrouver face à une lionne. Alors il n'y a rien à pardonner ou à se faire pardonner. Le pardon est aussi une illusion du mental.

Je ne dis pas que l'auteur de la souffrance ne doit pas être soumis à une prise de conscience, surtout si c'est nous-mêmes. Être conscient de ses schémas ou dysfonctionnements qui créent souffrance, chagrin et maladie doivent être mis au rancart et remplacés en toute conscience par d'autres « façons d'être » qui nous mettent en état de joie, de bonheur, de croissance, de bien-être , « d'intra-guérison » et de bonne santé !

En d'autres termes, le pardon fait partie d'une construction de votre ego qui a été blessé. Nous avons, au fil du temps, non seulement donné la vie à un golem (le golem (hébreu : גולם « embryon », « informe » ou « inachevé ») est, dans la mystique puis la mythologie juive, un être artificiel, généralement humanoïde, fait d'argile, incapable de paroles et dépourvu de libre arbitre, façonné afin d'assister ou de défendre son créateur[12]), mais nous nous sommes complètement oubliés et nous nous sommes entièrement identifiés à notre ego.

Nous nous sommes identifiés entièrement au « marteau » dont nous nous servons pour enfoncer le clou. Nous avons oublié notre essence, la vie qui coule en nous et que j'appelle « l'Être ». Celui qui est « dans » et qui nous relie à l'ensemble de la manifestation du vivant. Regardez l'eau, elle semble bien une et pourtant elle est composée de milliards d'atomes. Nous sommes les « atomes » de la création.

L'acception, le pardon sont le fruit de l'ego et du mental humain qui, eux, sont déconnectés et réinventent les lois de la nature.

---

12. [http://fr.wikipedia.org/wiki/Golem].

# Chapitre 11

## L'altruisme

« L'altruisme est un terme employé pour décrire un comportement caractérisé par des actes n'ayant pas d'avantages apparents pour l'individu qui les exécute, mais qui sont bénéfiques à d'autres individus. Chez l'Homme, il peut désigner un amour désintéressé d'autrui, c'est-à-dire le souhait qu'autrui trouve le bonheur et la générosité, n'attendant rien en retour.

« Ce terme est parfois employé dans le sens d'empathie ou plus souvent dans le simple sens de générosité. Il est peut-être décrit par l'éthique de réciprocité.

« Le terme **altruisme** peut être considéré comme antinomique d'égoïsme[13]. »

Oh là là ! Que vais-je dire qui ne suscite pas une réaction ?

Bon, je prends ma plume et allons-y. Je suis toujours en admiration devant des gestes désintéressés qui apportent soutien et aide aux personnes

13. [http://fr.wikipedia.org/wiki/Altruisme].

qui en ont besoin. Heureusement que cela existe dans notre société. Ces mouvements sont la preuve que quelque chose ne tourne pas rond dans la communauté et dans l'organisation humaine de la vie.

Comme tout sujet, celui-ci doit certainement remplir des bibliothèques. Loin de moi l'idée de faire une critique à l'encontre de tous ces gestes de dévouement, d'aide et d'amour. Que cela soit bien clair ! S'ils existent, c'est notre réalité qui le demande.

Je vais ramener mes propos à un microcosme que l'on appelle « humain ». J'entends souvent le mot « sacrifice » : sacrifiée pour mes enfants, mon mari, mes parents, mes amis, ma carrière, mon couple, etc. « Des actes bénéfiques pour d'autres individus. » Cela fait partie de notre patrimoine social, de notre culture.

Si les gestes sont plus anciens, le mot « altruisme » semble assez récent, venant du 19e siècle. Dans la définition, on lui oppose « l'égoïsme ». Je ne connais pas le but poursuivi par ces maîtres qui opposent « altruisme » à « égoïsme », ces deux concepts liés l'un à l'autre créant un univers où l'autoguérison est pratiquement impossible.

Avec cette croyance bien ancrée au fond de notre tête et de notre être, tout mouvement de soi à soi enclenche presque inévitablement un sentiment de culpabilité avec tous les dégâts physiologiques et psychiques qu'il peut faire. L'altruisme est aussi à revoir quant à sa pratique. Nous verrons plus loin que dans l'échelle de nos valeurs, l'altruisme n'est pas nécessaire sous certaines conditions.

Mettre l'altruisme en avant comme valeur essentielle à la vie nous égare de nous-mêmes. Line Bolduc, auteure, conférencière et formatrice en entreprise dans le domaine de la santé globale depuis 1995 (www.linebolduc.com) cite l'exemple d'une personne qui disait : « J'ai de la difficulté à m'aimer et je ne me sens pas très heureuse, mais quand j'aide les autres, j'ai la sensation du « devoir » accompli, même si cela ne me fait pas nécessairement plaisir, par exemple si je suis fatiguée, etc. » Pensez-y un peu ! Quel cercle infernal ! Faire pour faire, faire pour se donner l'illusion que l'on vit et que l'on sert à quelque chose.

- Quel est son état vibratoire ?
- Aimeriez-vous fréquenter cette personne ?
- Pensez-vous qu'elle puisse vous amener à la joie de vivre ?
- Qu'est-ce que vous pensez qu'elle attire comme situations ?
- Quel type de personnes peut-elle attirer ?

Elle dit elle-même ne pas être heureuse. Sa vibration est-elle remplie de joie et d'amour ? D'amour d'elle-même ?

L'amour de vous-même, le respect de votre vie qui coule en vous suffisent pour émettre une vibration d'amour tout autour de vous. Vous aurez les gestes venant de l'intérieur vers l'extérieur sans besoin d'altruisme. Pas besoin d'altruisme. L'altruisme est la voie de l'oubli de soi ! L'amour de soi, c'est ainsi aimer l'univers tout entier !

# Chapitre 12

## De la Genèse à aujourd'hui, pourquoi tant de malheurs ?

En regardant les informations diffusées à travers les médias, nous constatons que guerres, souffrances, violences, injustices, douleurs et j'en passe sont des maux bien présents dans notre demeure, la Terre. On parle d'abus de pouvoir, de l'influence que peuvent avoir certains groupes sur notre environnement de vie et dont les buts sont de faire de l'argent à tort et à travers, de collusions, d'arnaques, d'oppression, de révoltes, de guerres. La moitié de la planète semble s'embraser.

Pourquoi tant de malheurs ? Je n'ai pas de réponse. Enfin, oui j'en ai une, dont je suis peu fier et qui me vient d'une petite voix : cet environnement de peur et de désolation est malheureusement à l'image d'une trop grande partie de l'humanité, quoi qu'on en dise.

Je peux comprendre que vous ne partagiez pas toutes et tous ce point vue. Je ne suis pas parfait. Vous l'êtes sans doute plus que moi.

Fatalité ? Disons que cela dure depuis pas mal de temps, un pet de lapin à l'échelle de l'univers, mais toute une éternité à l'échelle humaine. Notre histoire est fondée souvent sur de la violence : territoires conquis, génocides, asservissements, héros ou héroïnes, colonisations, occupations, libérations, victoire des bons et anéantissement des mauvais... La liste est longue, avec parfois un bref passage de paix et de joie (cinq minutes ou un peu plus à la fin d'un bon film... comme *Avatar*[14]).

L'exemple n'est peut-être pas universel, mais bon... Une petite parenthèse pour ceux qui me liraient au pied de la lettre. Quand je parle de bons ou de mauvais, je parle d'humains... ils sont humains des deux bords. Dans *Avatar*, on parlerait des bleus et des humains... enfin pas tous, soit !

Nous aspirons pourtant à un état de paix, à des échanges harmonieux, à des jours heureux... Il y a heureusement des actions, des associations, des femmes et des hommes qui œuvrent pour renverser cette situation qui semble fatale depuis des millénaires. Que serait notre monde sans eux ? Brrrr, je n'ose y penser. Pourquoi ça ne marche pas ? Ou disons pour le mieux, pourquoi ces efforts pour apporter la paix, la joie et la fraternité semblent-ils insuffisants ?

Permettez-moi de faire un bond en arrière et en partant d'un texte que je qualifie de « symbolique » (je respecte ceux qui y croient au pied de la lettre), lequel explique la naissance du monde et de l'humain : Le livre de la Genèse. Ce livre relate le début, le commencement de notre monde suivant la tradition chrétienne.

Vous devez sans doute connaître cette histoire de la création de monde et du paradis, notamment le moment de la « chute » ou du « péché originel ». Pour ma part, j'utiliserai le mot « chute » plutôt que le mot « péché ». Que s'est-il passé à ce moment ?

« Ils mangèrent (du fruit) de l'arbre, et leur nudité leur apparut, et ils se mirent à coudre des vêtements de feuilles de vignes [...] ». Intéressant n'est-ce pas ?! L'arbre de la connaissance pour se rendre compte qu'ils étaient nus ! J'ai plutôt l'impression que Dieu ou le Diable ou le rédacteur nous ont joué un tour, et qu'au lieu de parler de *l'arbre de la connaissance*,

14. *Avatar*, réalisateur : James Cameron, États-Unis, 20th Century Fox, 2009, 162 minutes.

il aurait dû inscrire *l'arbre de l'oubli de la connaissance*... À moins que le rédacteur ait lui aussi oublié...

Il semblerait donc qu'à cet instant, les sens matériels d'Ève et d'Adam (la vue) se soient mis en action. Pour être plus précis, ils voient l'extérieur de leur être et se mettent à agir en fonction de cet extérieur: «[...] ils se mirent à coudre des vêtements de feuilles de vigne [...]» dans le but de cacher cette nudité qui leur fait honte. Commencent à naître la peur, la honte, l'envie, la douleur, la jalousie (Caïn et Abel) [...] Eh bien, pour l'arbre de la connaissance, méchante connaissance!

Ève et Adam agissent en fonction de l'extérieur! Leurs préoccupations, leurs intérêts, leur attention se portent à l'extérieur d'eux-mêmes, ce qu'ils voient ou entendent... hors d'eux-mêmes... un peu comme si la vie était au dehors d'eux-mêmes avant tout.

Cette histoire me fait réfléchir. N'est-ce pas de ces types d'actions qu'est faite l'histoire de l'humanité? Ne sommes-nous pas trop portés à regarder à l'extérieur de nous-mêmes? Ne sommes-nous pas trop portés à vouloir modifier, changer, critiquer, huer, adorer, soumettre, aimer... ce qui se passe à l'extérieur de nous-mêmes et, par conséquent, vouloir agir sur les autres (avec ou sans leur consentement) et oublier totalement qui nous sommes?

N'est-ce pas cela, la «chute»? *S'oublier à soi-même!* En regardant trop à l'extérieur, n'avons-nous pas oublié l'essentiel de qui nous sommes, c'est-à-dire la vie? Oublié que, d'abord et avant toute chose, s'aimer est la loi universelle du bonheur et de la vie?

De plus, en parlant de péché originel, on nous déclare coupables d'une prétendue faute d'avoir goûté à l'arbre de la connaissance. Cette connaissance qui nous fait s'oublier à soi-même. C'est un peu comme si la femme violée sous l'effet d'une drogue devait se sentir coupable d'avoir été violée! Eh bien, ça arrive parfois!

Nous avons tenté de jouer aux dieux ou à Dieu en agissant sur «l'extérieur» alors que nous sommes des dieux à l'intérieur et nous avons tout en nous pour ÊTRE ce « paradis » ! Nos yeux matériels devraient être là pour regarder la beauté de l'univers…

Pour quitter un peu le vocabulaire de nos sens matériels comme la vue, je vais les regrouper en termes de vibrations. C'est en effet la vibration que nous émettons à partir de notre être qui est génératrice de ces « maux ». Cet état vibratoire ne prend sa source que dans la matière visible sans tenir compte de sa part invisible. Nous oublions trop souvent cette part invisible qui est en nous. Il faut donc regarder en nous. Qu'est-ce que ça veut dire, regarder en nous ? J'en parlerai plus tard.

Oui, on reproche un tas de choses à « l'extérieur » de nous, comme de grosses structures ou l'industrie pharmaceutique par exemple, je pourrais prendre aussi les gros pollueurs… ou les grands guerriers, ou tout simplement, notre voisin ou voisine qui nous irrite, etc.

Avons-nous oublié aussi que derrière tout cela (l'industrie pharmaceutique, par exemple), il y a aussi des humains qui sans aucun doute sont passionnés par leur métier et souhaitent sincèrement trouver la « molécule » qui nous protégera de toutes maladies… Que derrière ces milliards de dollars, il y a des humains qui pensent aussi à tous ces maux, par exemple Warren Buffet ?

Voilà l'espoir ! Il y a des humains derrière tout ça ! Nous sommes tous de la même essence et il y a une clé du bonheur dans chaque humain pour un bonheur universel. Waoh !

Temporairement, oui il faut parfois lutter pour avoir sa petite part de bonheur. Oui, c'est un autre débat…

Que faire pour réintégrer le « paradis » ? Je vais vous dire un secret : nous ne l'avons jamais quitté ! Oui, avoir des yeux et ne rien voir…

Ah bon ? Comment ça ? me direz-vous !

Commençons simplement par réactiver nos sens intérieurs, nos yeux oui, mais ceux du cœur. Aidons-nous de notre conscience pour écouter et prendre soin de notre intérieur. Aimons, apportons-nous de l'amour, aimons-nous, nous avons tout en nous pour changer notre état vibratoire. Cette vibration fait résonance en vous et hors de vous. Cette vibration change votre vie et le monde. Attention à ne pas oublier que nous sommes matière aussi. Occupons-nous de notre intérieur.

Donnons-nous de l'amour, simple, qui fait du bien là, dans le creux de la poitrine, et dans le reste de notre être. S'il y a changement, et celui-ci est souhaité pour le bien de l'humanité, ne forcez pas, soyez le « changement ». (Gandhi). S'occuper de son intérieur ne veut pas simplement dire bien manger, faire du sport et se laver tous les matins. Non, je veux dire redécouvrir notre vraie nature. Redécouvrir notre fonctionnement intérieur. Redécouvrir ce qui fait que la vie coule en nous. Redécouvrir notre essence créatrice. Être dans le courant de la vie… Être dans la vie… Être la vie.

C'est par l'apprentissage et la transformation de notre mode de fonctionnement que nous pouvons passer d'un état vibratoire destructeur à un état vibratoire d'amour intérieur et que nous pouvons être la vie dans la paix et le bonheur. La séparation de la matière et de l'esprit touche à sa fin si nous utilisons notre conscience pour redécouvrir la vie qui coule en nous. Cette vie coule dans chaque particule de matière et elle nous unit au reste de l'univers.

Nous sommes sur le chemin du bonheur… Je dirai même *soyons* le chemin.

# Chapitre 13

## La mauvaise utilisation de nos outils

«Il n'y a pas de méthode pour se connaître. Notre compréhension n'est pas un résultat ; elle consiste à se voir, d'instant en instant, dans le miroir des rapports que l'on entretient avec les personnes, les choses, les possessions, les idées.»

JIDDU KRISHNAMURTI

«Les gens intelligents s'adaptent à la nature, les imbéciles cherchent à adapter la nature… C'est pourquoi ce que l'on appelle le progrès est l'œuvre des imbéciles.»

B. SHAW

### *La grande confusion entre être ce que nous sommes et ce que nous croyons être.*

Il m'arrive, lors de consultations, de constater que bien des souffrances trouvent leurs sources dans la confusion entre ce que nous sommes, notre nature, ce que nous sommes en réalité et ce que j'appelle « l'interface » qui nous branche au monde matériel.

Ai-je bien dit « interface » ? Oui, interface. Je vais tâcher de m'expliquer.

Cette « interface » n'a cessé d'évoluer depuis la première forme de vie. Je définis cette interface comme un ensemble d'outils de perception, d'analyse et de communication avec la matérialité de l'univers.

Si l'on regarde de son point de départ jusqu'à aujourd'hui, on peut dire qu'elle est devenue très sophistiquée. Pour en citer quelques-unes des plus connus chez l'être humain, on peut parler des cinq sens, du corps, des émotions, du mental, de l'ego, de l'intelligence, etc.

Le pourquoi de cette évolution ? Je n'ai pas de réponse. Je n'ai pas de réponse, car je ne connais pas le but ultime de la conscience universelle, celle-là même qui semble être éternelle, qui n'a ni de commencement ni de fin, celle qui fait que l'univers est ce qu'il est et deviendra ce qu'il doit être.

## *Je partage ma perception avec vous*

En tant qu'humain, avec toutes mes qualités et mes défauts, je n'ai pas pu résister à la tentation d'avoir ma vérité, ma réponse, que je vous transmets en toute humilité. Il s'agit d'une réponse qui s'est construite dans ma tête suite à l'utilisation de mes divers outils. Je reste néanmoins méfiant quant à celle-ci.

Il est vraiment difficile d'envisager, d'imaginer une réalité différente de celle dans laquelle nous sommes. Nos pensées, nos valeurs, nos choix, nos émotions, nos luttes et nos passions, de même que des notions comme l'acceptation, la tolérance et le pardon, sont conditionnés ou du moins fortement teintés par tout le passé. Cela commence au sein même de nos gènes.

Depuis la nuit des temps, l'humain s'essaie. Il est devenu nomade, sédentaire, isolé, urbain, cherchant des modes de vie, établissant des systèmes de vie sociale et politique, etc. L'humain cherche à contrôler la matière. Or, il s'est tellement enfoncé dans cette matière que les sciences, tant biologiques et médicales que politiques et sociales, sont dans une impasse.

Ces résultats basés sur une science de la matière ne signifient rien, ils nous conduisent à une faillite morale et humaine. Pourquoi ? Ces sciences ont retiré de leur équation la CONSCIENCE. « Science sans conscience n'est que ruine de l'âme ![15] »

## *Il est grand temps d'être conscient*

Comme le souhaitait Rudolf STEINER : « Il faut que les laboratoires redeviennent des autels. » La prise de conscience de notre animalité, de nos comportements devrait nous permettre de mesurer notre dégénérescence dont la perversion de tous nos systèmes est l'aboutissement.

Dès le début de sa création, cette interface semble avoir pris les commandes de notre vie. Nous nous sommes identifiés à elle sans que nous puissions faire la distinction entre notre « nature » et les moyens « bio-mécaniques spirituels » que cette « nature » utilise pour évoluer. Nous semblons en être si peu conscients que nous nous identifions souvent totalement à cette interface.

Cela implique que nous croyons n'être qu'un corps physique, être l'émotion qui nous déchire, être notre mental qui donne une image si peu reluisante de nous :

- Je me sens moins que rien.
- Je suis bon à rien et, en plus, je suis mauvais en tout.
- Je ne peux m'aimer, car ma vie est un échec.
- Je n'aime pas mon corps.
- Etc.

15. Rabelais, François. *Pantagruel*, Le Livre de poche, Paris, 2002.

Je vous laisse compléter par les pensées ou les réflexions que vous avez entendues ou qui vous viennent à l'esprit.

Être celui qui doit souffrir pour être heureux, qui doit vivre selon les valeurs d'une société basée sur la matérialité (performance, échelle sociale, succès, rentabilité) où la spiritualité est un passe-temps, spiritualité que l'on fait au mieux les fins de semaine ou deux ou trois heures par mois dans des livres ou, pire, pas du tout.

Tout cela semble fonctionner d'une manière inconsciente ou si peu consciente.

- Quand et comment avons-nous appris à vivre, si ce n'est que par l'exemple de nos parents ou autres adultes signifiants ?
- Avons-nous eu les bonnes informations ?
- Les informations que nous percevons viennent-elles de l'essence même de la vie ?
- Les informations sont-elles le fruit du cerveau, fut-il brillant, mais néanmoins déconnecté des lois naturelles de la vie ? Je ne parle pas de spiritualité, je parle des lois que l'on peut observer tout autour de nous dans la nature, dans notre univers.

Avons-nous fondé nos valeurs sur notre « belle » expérience de vie ou à « coups de pied » ? Aujourd'hui, encore, l'enseignement classique n'y fait que très peu référence. J'entends par « enseignement classique » les différents programmes d'études offerts à nos enfants dès leur entrée à l'école.

En effet, nous avons un cours de mathématique, de sciences pures ou impures, de français, de cuisine, d'économie, de patatogravure, de chimie, de physique, un cours de religion si peu révélateur ou de morale qui nous encombre avec un tas de valeurs qui n'en sont pas, comme le pardon …

Bref, pour revenir à notre éducation, pas grand-chose sur ce que nous sommes, sur le fonctionnement de notre être (je ne parle pas de biologie).

- Comment être bien dans notre peau d'humain ?
- Quelle est notre nature ?
- Comment œuvrer pour notre épanouissement individuel et universel ?
- Comment s'aimer ?
- Comment faire la différence entre notre interface et l'essence même de notre nature ?

Comment être cocréateur de la vie ? Quand je parle de cocréation, je ne parle pas de créer des ponts ou des tours… vous m'avez sans doute compris.

## *Une vérité à découvrir et à appliquer*

Heureusement, une poignée d'humains ont perçu, soit par intuition, soit par réflexion, soit par révélation, que derrière cet aspect mécanique (cette interface) de la vie, il y a une vérité universelle et immuable dévoilant le mystère de la vie. Une vérité simple, mais pas facile à appréhender.

Essayez d'expliquer à un babouin que nous sommes allés sur la Lune. C'est un peu la tâche qu'avaient ou qu'ont cette poignée d'humains pour amener le reste de l'humanité vers cet état de conscience supérieure et accéder à un bien-être global.

Avant, il fallait être initié. Souvent, il fallait être choisi pour avoir accès à cette information fondamentale. C'était parfois même dangereux d'exprimer ouvertement cette vérité ; certains ont payé de leur vie. Vous connaissez sans doute ce fils de charpentier… Ses enseignements font référence à une découverte que l'on doit faire : découvrir notre être intérieur, notre contact avec nous-mêmes, notre univers intérieur, notre essence, l'enfant qui est en nous…

Pour y arriver, nous avons besoin de nous élever, d'élever notre conscience. Mais qu'est-ce que ça veut dire, « élever notre conscience » dans notre monde où la matière est bien plus apparente que la non-matière ?

C'est tout simplement utiliser notre conscience afin de nous rendre plus conscients de cette interface qui, en somme, relie la matière à la non-matière. Utiliser notre conscience pour cocréer notre existence.

# Chapitre 14

## Les émotions

> « Celui qui aime la gloire met son propre bonheur dans les émotions d'un autre. Celui qui aime le plaisir met son bonheur dans ses propres penchants. Mais l'homme intelligent le place dans sa propre conduite. »
>
> Marc Aurèle

Pourquoi les émotions tiennent-elles une place si importante dans notre vie et notre quotidien ? Pourquoi sommes-nous capables de joies extrêmes autant que de peines extrêmes ? Sommes-nous victimes de nos angoisses, de nos colères, de nos haines, de nos déprimes ?

Depuis que nous sommes nés, notre vie est remplie d'émotions. On nous a éduqués à faire ceci mais pas cela, à ne pas dire ceci, à être comme ceci et non comme cela, sans jamais nous expliquer comment fonctionnent nos émotions ou quels sont leurs rôles, leurs fonctions. Pas de mode d'emploi à la livraison. C'est toujours ce que nous regardons quand nous devons utiliser ou comprendre le fonctionnement d'un appareil : le mode d'emploi. Pour les émotions : rien. Aucun repère. Comme si c'était inné de tout comprendre.

Alors chacun s'arrange comme il le peut et, parfois, comme il le veut. Là aussi, la littérature abonde, que dis-je, inonde notre bibliothèque. Bon nombre d'ouvrages sont souvent d'application difficile, car ce n'est pas la bonne volonté qui y manque. Comment faire pour se « désengluer » de nos émotions ? Comment se libérer de nos craintes, de nos peurs, de nos angoisses ?

Avant de vous présenter des solutions, permettez-moi de vous donner une description simple de ce que sont les émotions. Personne pour ainsi dire n'ignore ce qu'est une émotion, et certains d'entre vous ont des réponses à ces questions : à quoi servent les émotions, quels sont leurs mécanismes ? Etc.

## *J'aime ou je n'aime pas*

Pour avoir un dénominateur commun et pour qu'on se comprenne, je vais dans un premier temps regrouper les émotions en deux catégories : les « J'aime » et les « Je n'aime pas ».

Dans les « J'aime », vous pouvez qualifier les émotions qui s'y trouvent de positives, d'épanouissantes, de constructives, d'agréables. Dans les « Je n'aime pas », on retrouve les émotions négatives, stressantes, dépressives, pathogènes…

### La dépendance émotionnelle

Deuxièmement, pour la compréhension commune, faites-vous l'image que c'est le même sac qui reçoit ces émotions. Un sac exactement comme votre estomac par lequel toute l'alimentation transite. Plus on le nourrit, plus il grossit et plus il grossit, plus on a faim… d'émotions.

En médecine classique, on peut mettre un anneau pour rétrécir cet estomac trop gourmand. Les antidépresseurs et anxiolytiques font effet d'anneaux sur notre estomac à émotions. Avons-nous la conscience de cela ?

En d'autres termes, cela veut dire que peu importe l'émotion, il faut, sous peine de sensation de *faim*, remplir notre estomac de nourriture à saveur émotionnelle. Nous sommes dépendants de notre estomac émotionnel ! Notre inconscient va alors venir à notre secours et provoquer les actions nécessaires à notre rassasiement ! Il a un supermarché incroyablement bien fourni.

## L'émotion la plus présente

Selon vous, quelle est la denrée émotionnelle la plus présente dans notre supermarché inconscient ? Je vous le donne en mille… la peur ! La peur et son cortège de friandises ! Pourquoi la peur ? Si l'on remonte à la naissance de la vie, la peur est fondamentalement un message d'alerte.

Alerte d'un danger ou d'une situation inconnue qui peut être menaçante pour notre vie physique. L'avertissement d'un environnement hostile. Cette peur, comme nous l'avons déjà exprimé, va enclencher des réactions physiologiques de protection et de survie. Jusque-là rien d'anormal, me direz-vous. Quand il y a présomption de danger, il faut réagir ! Avons-nous réellement conscience de ce qui se passe ? Y a-t-il un ours dans les parages qui va nous attaquer ?

## Se dissocier de l'émotion

Il est très important d'en arriver à faire cette dissociation. Oui, on vit une émotion, mais on doit apprendre à agir et à réagir en observateur.

- Est-ce que je sais réellement ce qui se passe en moi à cet instant ?
- Puis-je faire la différence entre comment je me sens et l'émotion qui me prend ?
- Suis-je devenu l'émotion ?
- Puis-je m'observer dans cette émotion ?

- ❖ Qu'est-ce qui se passe en moi pour déterminer si « J'aime » ou si « Je n'aime pas » ?
- ❖ Puis-je me sortir de toute cette information de peur qui coule en moi ?
- ❖ Ne me suis-je pas enivré de cette émotion jusqu'à ne plus savoir ce que je fais ?

## Les émotions et les réactions corporelles

Je vais vous donner un exemple comparatif de ce que fait une émotion sur la chimie de notre corps. J'étais en vacances avec un groupe d'amis autour d'un bon feu de camp sur la plage vers 22 heures. Nous écoutions avec beaucoup d'attention l'un d'entre eux qui nous racontait la légende de Gilgamesh.

La chaleur du feu nous caressait les joues et nous nous régalions de cette belle histoire. Pour ne pas tarauder à sec, chacun avait apporté une boisson de son goût pour agrémenter sa soirée. Ceux qui me connaissent ne seront pas surpris d'apprendre que, pour ma part, j'avais une simple bouteille d'eau ionisée bien pure. Quant au conteur, il avait aussi une bouteille d'eau, mais... de vie, bref, de la vodka !

Tout se passait merveilleusement bien. Quand il est arrivé au milieu de l'histoire et de la bouteille d'eau ... de vie, l'élocution du conteur est devenue quelque peu bizarre, manquant de rythme, se répétant, balbutiant... Nous commencions à perdre le fil de l'histoire... cela devenait un peu moins intéressant, et ce, jusqu'à ce que le conteur se tut, nous regardant avec des yeux vagues...

Le lendemain, nous n'avons pas manqué de rire de cette soirée. Le conteur nous a expliqué ce qui s'était passé en lui, à ce moment-là. Il nous a dit qu'il percevait très bien nos regards, nos commentaires, nos rires. Il voulait parler, mais il lui était impossible de s'exprimer. Il voulait se lever, mais rien ne fonctionnait normalement.

« Oui, j'ai bu, pensait-il, mais je veux marcher, moi ! » Il ne comprenait pas ce qui l'en empêchait. C'était pourtant simple : la chimie de son corps avait changé sous l'effet de l'alcool, il avait perdu le contrôle de sa physiologie, de son analyse, de ses réactions…

Quand nous sommes sous l'effet d'une émotion, notre chimie change, nous réagissons sous l'effet de notre chimie et de notre vibration… et nous n'en sommes pas toujours conscients, un peu comme le conteur. S'il vous arrive d'être en peine, en dépression, êtes-vous capable de vous dire que les effets que vous ressentez, c'est à cause de la chimie déclenchée par l'émotion ? En réalité, vous êtes sous l'effet « alcoolique » de l'émotion. Êtes-vous capable de faire la différence entre le message du « J'aime » ou « Je n'aime pas » et la réaction physiologique et psychologique engendrée par l'émotion ?

Toutes ces réactions électrochimiques modifient votre environnement physiologie et psychologique. Dans le cas de l'eau de vie, nous sommes tous d'accord pour admettre que l'alcool a altéré plus ou moins fortement son état. C'est pourtant la même chose qui se passe dans le cas de l'émotion qui nous envahit.

## *Que sont les émotions et quels en sont les rôles ?*

Elles font partie des outils de perception et d'interprétation de ce qui nous relie, extérieur/intérieur, et qui nous délivrent un message « J'aime » ou « Je n'aime pas », message qui nous est propre par rapport à l'humain unique que nous sommes. Elles sont essentielles et toujours dans le but de nous aider, nous orienter et faire des choix qui nous correspondent. Rien de plus.

Pourtant il y a un paradoxe : le fait que les émotions nous donnent des informations nécessaires sur ce que « J'aime » et « Je n'aime pas », comment cela se fait-il que les émotions semblent autant optimiser qu'entraver notre fonctionnement ?

Il arrive parfois que le message soit si fort que nous ne voulons plus l'écouter. Dans ces moments, nous perdons le contrôle. Cette émotion va continuer de répandre ses effets dans tout notre être… Parfois, cela peut être agréable et, parfois, très souffrant. C'est là que notre estomac émotionnel joue son rôle de « encore, encore j'ai faim ». Quand on vit une émotion, nous avons une réaction à cette émotion. Les premières émotions sont régies par l'inconscient, ensuite si nous modifions notre interprétation d'une façon répétitive, cette nouvelle interprétation s'ancrera dans notre inconscient.

Quand on est sous l'emprise d'une émotion de longue durée (ELD) comme la tristesse, la colère, la haine ou la déprime, tout ce qui se passe autour de nous devient teinté par cette émotion. Le jour, la nuit, on y pense sans arrêt. On cherche comment se sortir de là ou exécuter l'action qui nous soulagerait. On se noie dans un magma de pensées tout aussi épuisantes les unes que les autres. Plus on cherche et plus on s'enfonce dans le néant, la déprime, les remords, les regrets, plus on active ses émotions destructrices.

La souffrance engendrée devient insupportable, cela devient un mal-être permanent. Nous ne sommes pourtant pas masochistes, du moins je le pense.

- Quelle en est la cause ?
- Pourquoi agissons-nous ainsi ?

Plus le temps passe et plus la souffrance s'installe profondément. Y a-t-il une explication rationnelle ? La réponse est accablante : « Nous sommes devenus des drogués à l'ELD. » Notre corps, pour lequel le bien et le mal n'existent pas, s'est mis à fonctionner avec le flux d'hormones générées par nos émotions, comme une habitude de vie. Pour le drogué à la cocaïne, il doit trouver de l'argent et s'acheter sa drogue. Pour notre corps, c'est beaucoup plus facile, il est la source et son propre fournisseur.

## *Comment se crée l'habitude à l'ELD ?*

Comme le souligne Jacques Regard dans son ouvrage *Les émotions tout simplement*, chaque fois que nous sommes en état de stress, même léger, et que celui-ci devient chronique, nous tombons sous l'emprise d'une émotion. Qu'est-ce que cela signifie ? Peu importe la situation, notre organisme réagit comme si nous étions en face d'un ours :

adrénaline, cortisone et endorphines se répandent dans le corps. Ces hormones ont des effets tellement puissants que lorsque le moment se prolonge, nous devenons comme dépendants à un point tel que nous en venons à vouloir inconsciemment renouveler les effets, bons ou pas bons ! Si la souffrance s'estompe, nous devenons en manque et nous allons inconsciemment recréer les conditions pour recevoir notre bonne dose de drogue !

> « Cette situation a été étudiée en laboratoire à l'université de Sydney en 1982. L'expérience a montré qu'une simple injection d'adrénaline entraîne un état de stress réel avec un fort sentiment d'anxiété quasi immédiat. On a découvert également qu'en pinçant tous les jours la queue d'une souris, on la rendait droguée aux endorphines et qu'elle était en manque quand on la laissait tranquille. D'autres expériences (Lieblich et autres de l'université de Jérusalem) ont montré qu'après avoir reçu sa dose d'hormones de stress, l'animal stressé se précipitait sur de la boisson ou de la nourriture appétissante. On comprend mieux, dès lors, le réflexe qui pousse à manger du chocolat ou des gâteaux quand on est stressé[16]. »

Là où l'effet devient pervers, c'est que ce manque génère un stress pris en compte par notre organisme qui se met à produire les hormones du stress. N'oublions pas que ces hormones provoquent à moyen terme des dégâts physiologiques et psychiques qui peuvent générer des maladies graves, cancer et autres. C'est un cercle vicieux dont il n'est pas toujours facile de se sortir par soi-même. Heureusement, il y a des moyens simples et efficaces de sortir de ces pièges. Il importe de se faire aider au besoin.

16. Expérience de Christie à l'université de Sydney en 1982 qui montre l'apparition d'un sevrage artificiel après injection de naloxone, comme si un animal avait été réellement drogué à la morphine.

# Chapitre 15

## La conscience vs l'inconscience

« La nature commande à tout animal et la bête obéit. L'homme éprouve la même impression, mais il se reconnaît libre d'acquiescer ou de résister ; et c'est surtout dans la conscience de cette liberté que se montre la spiritualité de son âme, car la physique explique en quelque manière le mécanisme des sens et la formulation des idées ; mais dans la puissance de vouloir ou plutôt de choisir, et dans le sentiment de cette puissance on ne trouve que des actes purement spirituels, dont on n'explique rien par des lois de la mécanique… (ce qui le distingue), c'est la faculté de se perfectionner ; faculté qui, à l'aide des circonstances, développe successivement toutes les autres […]. »

Jean-Jacques Rousseau

« L'obscurité de l'instant vécu reste prisonnière de son sommeil ; la conscience actuelle n'est disponible que pour une expérience à peine écoulée ou une expérience attendue et imminente, et son contenu. L'instant vécu lui-même et son contenu restent par essence invisibles. »

Bloch

Je ferai ici une parenthèse pour parler du bien particulier entre le conscient et l'inconscient. En effet, si on peut les comparer, nous pourrions dire que si l'inconscient est aussi grand que notre planète Terre, notre conscience a la grosseur d'un petit pois. On peut aussi dire que notre inconscient a une mémoire phénoménale de plus de 14 milliards d'années alors que notre conscience a du mal à se rappeler ce que l'on vient de faire il y a une heure.

Notre inconscient a des mécanismes de réponses à des stimuli aussi vieux que la vie existe. Notre conscience n'est pas toujours en état de plein éveil et demeure souvent passive. L'inconscient gère toute la vie dans notre corps avec un million de tâches en même temps. La conscience est débordée dès que nous faisons trois choses en simultané. Il est même dit que les hommes ne sont pas capables de faire deux choses à la fois, alors que vous, mesdames, en gérez aisément trois ou quatre en même temps.

Mais permettez-moi de vous dire qu'à l'égard de votre inconscient, vous êtes aussi dans la ligue des bébés pucerons. Pour l'inconscient, le temps n'existe pas. Le passé peut devenir présent ou futur et il pourra agir en conséquence. C'est ainsi que lorsque nous angoissons pour notre futur emploi hypothétique, l'inconscient rend présent ce fait et enclenche les processus de peur et de stress avec son cortège de dégâts. La conscience, elle, n'exerce qu'au présent.

La conscience sert bien sûr à faire notre liste d'épicerie, mais aussi à créer petit à petit un état vibratoire de bien-être et de résonance avec la vie. Il faut savoir que notre être fonctionne à 98 % d'une manière inconsciente. Quand je parle de notre fonctionnement, je parle aussi bien du plan physique que du plan psychique. La conscience ne représente que 2 %. De plus, la conscience humaine n'a pas de mémoire. Notre conscience n'existe que dans l'instant présent. L'inconscient, lui, a au moins 14 milliards d'années d'expérience et de mémoire.

## *Alors comment faire ?*

Cela semble insurmontable. Au vu des résultats et des dégâts (guerres, pollution, famines, souffrances…) de l'utilisation de notre conscience, on pourrait dire qu'elle crée un chaos. Chaos ? Non… Guerres, famines, souffrances vont très bien ensemble et on peut même parler d'harmonie. C'est la même vibration. Quand rien ne va dans votre vie, dépression, souffrance, peine, tristesse, pauvreté…

C'est harmonieux tout ça ! Cette vibration va, en plus, attirer à elle les mêmes vibrations. Il faut savoir que rien n'est chaos. L'univers entier, que l'on appelle le « macrocosme », tend vers où est l'harmonie. L'humain, le microcosme, est harmonie. À partir de notre état vibratoire, tout ce que se passe en nous (le corps physique et psychique) et dans notre environnement va s'harmoniser à notre état, pour le meilleur et pour le pire. Nous sommes donc responsables de notre bonheur ou de notre malheur. Seule la conscience (outils) peut vous amener à cocréer l'état vibratoire désiré.

Par conséquent, le premier choix à faire avec notre conscience, c'est de savoir le type d'harmonie que l'on souhaite créer. Ensuite, on doit créer de manière consciente des « modèles simples » d'utilisation de nos outils et les faire passer ensuite dans notre inconscient afin d'y puiser toute la puissance nécessaire à l'application de ce modèle et la création de notre état vibratoire souhaité.

Souvenez-vous de votre première leçon de conduite. La conscience essayait de tout contrôler : un volant, un clignotant, une pédale de frein, une pédale d'accélérateur (à ne pas confondre avec la pédale de frein), deux rétroviseurs, une marche avant, une marche arrière… Ce n'est qu'à partir du moment où tous vos mouvements sont devenus inconscients que la conduite est devenue simple. Pourquoi ? La conscience est créatrice, mais limitée dans ses possibilités de gérer plusieurs actions en même temps. L'inconscient ne crée rien, mais il est illimité dans la gestion, dans son action.

L'élévation de conscience, c'est dans un premier temps apprendre à cocréer notre vie. Dans un deuxième temps, permettre à notre conscience d'être cocréatrice avec la conscience universelle de la vie éternelle.

# Chapitre 16

## Intention et désir

«Il n'y a pas de chemin vers le bonheur, le bonheur c'est le chemin.»

LAO TSEU

L'intention est-elle la conscience du désir lui-même ou le processus inconscient qui conduit au désir ?

Je n'essaie pas l'intention. Je fais. Je suis. Essayer induit l'échec programmé, je ne mets pas tout en œuvre pour y arriver. Dire qu'on va essayer est de la fausse humilité. Le terme «essayer» est à bannir de ma bouche.

Nous souhaitons tous être bien dans notre peau. Quand il nous est arrivé ou qu'il nous arrive quelque chose de désagréable, perte d'emploi, insécurité, peine, maladie, nous voulons au plus vite sortir de là. Généralement, ces situations déclenchent des émotions et nous mettent dans tous nos états. Nous voulons nous en sortir. Consciemment, nous le croyons. Ces états deviennent chroniques et parfois permanents. Nous avons hâte de nous sortir de là, mais l'intention soutenue par la peur, le désespoir, la peine fait que ça ne fonctionne pas.

Nous avons du mal à utiliser notre conscience avec notre intelligence pour charger notre intention d'émotions et d'énergies positives.

Le désir d'être bien est une impulsion saine, mais il faut que ce désir soit sous l'influence d'une émotion saine. Que se passe-t-il si le désir vient d'une émotion désespérée de guérir à tout prix si on est désespérément attaché à l'envie d'être bien ou de guérir de ses souffrances ?

## *Le désespoir, c'est aussi une vibration*

Qu'est-ce que l'on crée avec cette énergie du désespoir ? Curieusement, c'est comme si on éloignait la réalisation de ce que l'on souhaite. J'entends souvent pourtant : « Je fais tout pour que cela se passe bien… » En clair, vous mettez en place un système qui va aller à l'opposé de ce que vous souhaitez. Cette vibration répulsive va éloigner de vous les gens, les états qui auraient pu vous aider et la conclusion, c'est l'échec. Cette intention et ce désir sont encore perturbé par nos croyances, notre mode de fonctionnement, notre éducation culturelle.

La meilleure des énergies, elle, surgit lorsque vous lâchez l'urgence, lorsque après le choc, vous laissez le passé là où il doit être et que l'information donnée par l'émotion fait place à l'utilisation de la conscience, du mental, de l'ego et des émotions dans un but de croissance et « d'intra-guérison », dans un état de confiance. Abandonnez le désespoir et l'incertitude du lendemain, choisissez la paix de l'instant présent.

Si votre intention baigne dans l'énergie du désespoir et de l'incertitude, vous vous coupez de toute possibilité d'accéder au bien-être et à l'intra-guérison. Vous pouvez passer d'un état de manque et d'un besoin à un état de choix. Si vous êtes dans une conscience de manque et de besoin, quand vous faites ce choix, vous vous coupez de votre pouvoir de création de votre bien-être de vie.

## *Créer une nouvelle dynamique*

C'est donc important d'en être conscient et de créer une dynamique dans laquelle je mets de mon côté toutes les chances de changement qui me conviennent, non ? Le désespoir, le reproche, les attentes passives sont des émotions qui sont chargées, qui attirent des résultats qui sont de véritables catastrophes, des aimants à angoisse. Elles sabotent toute votre capacité à être mieux dans votre peau. Il ne faut pas croire que vous pouvez cloisonner ce mode de pensée et vous dire « Dans ma famille, je pense comme cela et au travail, je pense autrement. »

Nous avons l'impression que consciemment, nous pouvons scinder les choses, mais notre inconscient, lui, ne scinde rien. Il ne fera pas la part des choses. Nous sommes un tout. Si je vibre négativement au travail, il ne sera pas évident de vibrer positivement à la maison. C'est une énergie corrosive, explosive, générant une attraction de vibrations destructives.

Tous les efforts que vous faites dans cette vibration de désespoir n'attireront que des situations qui vous inspireront des émotions profondes d'impuissance, de tristesse, de souffrance, de tunnels sans fin, de vie perdue, d'incapacité, de culpabilité…

## *Soyez observateur*

La conscience doit intervenir en tant qu'observatrice de vous-même. La conscience doit vous aider à évaluer votre état. Ne partez pas dans des analyses compliquées de votre histoire personnelle, des défauts que vous avez, du pourquoi et du comment de cette maladie que l'on vient de vous diagnostiquer. Que des constats, sans plus.

Aussi simple que de constater que le soleil s'est levé et qu'il brille, mais je ne le vois pas, car aujourd'hui il y a trop de nuages dans le ciel. *Basta !* (qui veut dire « assez » en italien). Un peu comme si vous découvriez une autre personne et que vous l'observiez sans rien dire.

Tous vos sentiments sont chargés d'une vibration positive ou négative. Les vibrations enlevantes vont créer des résultats merveilleux. Le plaisir, la joie, la félicité vous donnent des ailes.

## *Des ressources dynamiques et percutantes*

Je vous réfère aux livres de Line Bolduc, dans lesquels elle vous donne des outils simples, profonds mais combien efficaces pour être dans la joie, la conscience, l'harmonie, le plaisir et la santé. Elle a plusieurs livres à son actif portant sur des sujets aussi variés que pertinents. Je pense entre autres aux messages de l'ego, le mieux-être par le rire, la joie et la santé, l'autoguérison, la réalisation des objectifs, le poids santé, la dépendance affective, la prévention de l'épuisement et j'en passe. Son site Internet, www.linebolduc.com, vous permettra d'y découvrir une multitude de ressources en plus de retrouver son audiographie et sa bibliographie complète.

## *Petit retour sur le désespoir*

Les vibrations de désespoir vous entraînent vers les abysses de l'échec, de l'anéantissement de votre être, de toutes capacités d'autoguérison, de non-amour de vous-même. Vous renoncez à vos responsabilités et développez une complaisance d'être une victime. Par exemple, si une personne vient de se faire diagnostiquer avec un cancer et que sa réaction est…

- je me demande pourquoi ça m'arrive à moi ;
- c'est injuste ;
- je suis trop jeune ;
- je ne peux jamais avoir la paix ;
- je suis seule ;
- j'ai envie de mourir ;

… l'énergie qui est dégagée à ce moment est de l'énergie négative. J'en conviens tout à fait que lorsque nous avons une tuile ou une mauvaise nouvelle qui nous tombe sur la tête, nous n'avons pas envie de sauter de joie et crier: «Youpi, encore une belle épreuve qui m'arrive dans ma vie, sinon ce serait plate!»

## *Générer une énergie congruente à mon désir*

Lorsque cela arrive, il y a une information qui génère une émotion désagréable et cette émotion, je la classe dans les «Je n'aime pas». Je me place dans la phase d'après, dans la réaction faisant suite à cette émotion. Et c'est là que je peux agir!

Mais attention, si mon intention consciente est de guérir, je dois veiller à générer une énergie consciente d'autoguérison. Je dois veiller à ce que cette intention consciente (malheureusement faible en intensité) ne soit pas en contradiction avec mon intention inconsciente négative (très forte en intensité). Dans ce cas, je ne m'attire rien de bon si ce n'est qu'un problème de santé supplémentaire.

Si, maintenant, je regarde l'instant présent et que je me dis: «OK, ça m'est arrivé, mais je vais prendre soin de moi, éviter les situations qui génèrent du stress ou les prendre autrement», que je visualise comment j'aimerais être en bonne santé et que je remercie mon corps… N'est-ce pas tellement différent?

Ce n'est pas en rejetant la maladie que je me mets en état de guérison. Pour mieux me faire comprendre, je dirai que l'état positif est un état de passion amoureuse où on ne voit que les côtés positifs, à en oublier les côtés négatifs. Il est possible, avec un peu d'entraînement, de se mettre dans un état de vibration de croissance afin d'être dans l'alignement de votre intention et de votre désir. Cela va sembler un peu paradoxal, mais pour être efficace, votre intention doit vous sembler non nécessaire pour être heureuse. C'est cela, le lâcher-prise dans lequel l'intention va prendre toute sa force positive. Être heureux, c'est un choix qui ne doit pas être conditionné. Comme le disait Voltaire: «Je suis heureux, car c'est bon pour la santé.»

Chaque croyance crée des pensées, des pensées correspondantes. Ces pensées correspondantes vont vous créer des réactions émotionnelles. Cet ensemble se combine pour créer votre énergie correspondante.

Toutes ces pensées seront sans doute émises inconsciemment dans tous les domaines de votre vie. Voici quelques exemples de croyances :

- C'est vraiment dur de s'en sortir dans ce monde ;
- Ce n'est pas facile de trouver un équilibre ;
- J'ai un emploi précaire… pas assez payé ;
- En moi naissent la peur, la colère, la peine, la souffrance face à mon incapacité de réussir ;
- Il me manque des qualités pour m'en sortir.

Je vais donc déclencher une émotion de tristesse, de peine qui elle-même va générer une vibration syntonisée sur mon émotion. Soit une vibration de stress qui va se répercuter non seulement au plus profond de nous-mêmes, mais aussi dans tout notre environnement.

Je peux aussi développer d'autres croyances en me disant :

- Pourquoi c'est toujours les autres qui ont de la chance et moi je n'en ai pas ?
- Pourquoi je n'ai pas cette chance d'avoir des occasions de facilité dans la vie ?
- Pourquoi est-ce toujours difficile pour moi ?

Cela aura pour conséquence d'engendrer les mêmes émotions de colère, de peur, de tristesse ou même d'envie et de jalousie.

## *Un nouveau schéma*

Il va falloir implanter dans votre être un nouveau schéma de croyances-pensées et d'énergie. Pour cela, il faut y aller simplement, pas trop de choses en même temps, gravir une marche à la fois pour arriver à ce que vous voulez, un état de bien-être et de bonheur permanents !

Cela semble évident de vouloir se sentir bien et, pourtant, certaines personnes refusent de s'installer des croyances positives. Elles ont l'impression qu'elles vont être dans le faux, dans l'hypocrisie, dans quelque chose qui ne leur correspond pas. On a l'impression que s'il suffisait de quelques changements pour être heureux et en santé, cela se saurait, d'autant plus si c'est si simple.

Est-ce simple ? Oui, c'est simple ! La difficulté vient souvent de vouloir la parfaite compréhension de ce qu'il y a à faire. Des ouvrages sur le « comment être bien », il y en a des millions. Des millions de représentations. Je crois que cela est nécessaire pour aider à la transformation de l'humanité. Chaque ouvrage, chaque livre détiennent une parcelle de vérité. Cette parcelle ne sera perçue que par une parcelle de l'humanité. De parcelle en parcelle, c'est l'humanité tout entière qui devient « conscience » à travers chacun de nous, pour enfin devenir l'expression vivante et consciente de la création.

## *Comment mettre à notre service les outils pour être dans un état de conscience et de bien-être permanents ?*

Vouloir changer les vieilles habitudes, c'est peine perdue. Les sillons neuronaux gravés dans le cerveau sont souvent bien trop profonds. De plus, comme je le disais, notre inconscient n'oublie rien. Pour faire simple, créons de nouvelles habitudes. Simples et faciles à contrôler consciemment. Et avec un peu de volonté, voici que nous sommes capables de nous aimer ! D'être amoureux de soi ! C'est merveilleux ! Enfin, j'ai trouvé l'amour de ma vie ! Le vrai !

Pendant cette phase de création, il se peut que nous ayons des moments de faiblesse ou de retour d'un mal-être. Ce n'est que provisoire, croyez-moi ! Cela fait partie du processus de la maîtrise de vos outils. Cela va très vite. Des personnes en dépression profonde depuis 10 ou 15 ans sont sevrées de leur antidépresseur en accord avec leur médecin sur une période de 6 à 8 mois.

Il faut un peu de temps pour que notre inconscient intègre ces nouvelles habitudes au quotidien. Celles-ci vont devenir aussi naturelles que le fait de respirer ! Cela change votre manière de percevoir, de comprendre vos émotions et, surtout, d'être attentif à l'amour de votre vie, c'est-à-dire vous.

Je vous donne différentes étapes pour vous aider à passer d'un état de stress à un état de calme.

- Abandonner l'idée de plaire aux autres.

- Vouloir éliminer ou arranger le passé est aussi négatif que d'angoisser pour le futur. Être dans le passé et le futur, c'est brûler totalement l'énergie de votre instant présent, là où vous vivez pourtant. Je vous en parlerai plus loin. Engagez-vous dans la confiance, bannissez les phrases « Et si ça ne marchait pas, je serais sans emploi, ou sans mari… »

- Le lâcher-prise émotionnel. En effet, comme je vous l'expliquais, les émotions sont des énergies très puissantes, aussi bien dans le côté négatif que dans le côté positif. Nous comprenons, en étudiant notre histoire, qu'il est plus facile de penser négativement par la peur, l'angoisse ou la colère que d'avoir des pensées positives. Nous nous perdons aussi à chercher, à comprendre les émotions. On se demande quel type d'émotions nous sommes en train de traverser ou de ressentir. Là aussi, de grâce, il faut simplifier « J'aime » ou « Je n'aime pas », simplement.

- Cela devient plus facile de distinguer ce qu'on aime et ce qu'on n'aime pas. Vous avez à l'intérieur de votre corps, au milieu du plexus, un bon indicateur décontracté quand on aime et qui est crispé quand on n'aime pas. Et enfin, il y a aussi les lâcher-prise comportementaux en lien avec l'alcool ou le tabac, par exemple.

## Gare à l'éparpillement et au commérage

- Il y a aussi les fausses occupations qui nous empêchent d'être conscients à nous-mêmes. La distraction que l'on fait pour oublier, que ce soit le bingo ou le bar où l'on croit pouvoir s'épanouir. Petite remarque importante : on peut très bien aller au bingo par plaisir et aller au bar aussi par plaisir.

- Pour se distraire de soi-même, il y a le commérage. Ah ! Le commérage sur les personnes avec qui nous avons eu des rapports malheureux. Parfois même sur des personnes avec qui nous n'avons eu aucun contact et que nous ne connaissons même pas. Cela peut nous donner l'impression d'être au cœur… de la vie. Pourtant, nous sommes au cœur du néant ! Cela occupe notre mental de pouvoir ainsi les critiquer, de pouvoir parler de leur vie et on en oublie totalement la nôtre.

- Cessons de maudire le père, la mère, le voisin, le gars de la télé… Concentrons-nous sur nous, c'est là que notre vie va s'épanouir ! Tous ces comportements créent un vide et en plus, ils ne nous rendront sans doute pas plus heureux. Au contraire, ils nous laisseront un goût amer dans la bouche. Soyons conscients de nous, célébrons nos réussites, célébrons notre amour de nous, tout comme on le célèbre avec notre amoureux.

## Se faire plaisir encore et encore

Créons-nous des pensées « neuro-associatives ». Par exemple : « Cela me fait plaisir de faire un bon café le matin, c'est un cadeau que je m'offre, merci, Emmanuelle. » Être conscient que vous vous offrez un cadeau déclenche la sécrétion des hormones du plaisir et chaque cellule de votre corps va en profiter tout autant que vous ! Un bien-être global partagé !

Faites-vous des cadeaux simples qui vous font plaisir ! Je parle de gestes d'amour gratuits que l'on devrait faire mille fois plutôt qu'une à l'être aimé. Je ne parle pas de votre conjoint, vous avez bien saisi ? Je parle de vous à vous !

Pour ceux qui pensent que le bonheur n'est pas pour eux et qu'ils sont maudits par la vie, je leur dis simplement : « Est heureux celui qui croit l'être. » Nous sommes capables de construire notre réalité. Le bonheur est un état que l'on peut se créer. Je pourrais presque dire que tout état d'être est subjectif, puisqu'il est dépendant de nos perceptions et de ce que nous en faisons.

Cette quête est légitime et universelle. Les ingrédients ne se trouvent pas à l'extérieur. Richesse, possessions, succès… trouvent leur source à l'intérieur de nous ! « Il n'y a pas de honte à préférer le bonheur », disait Albert Camus, et comme le disait Voltaire, j'ajouterais en ce qui nous concerne : « J'ai décidé d'être heureux parce que c'est bon pour la santé. » Comme quoi tout a déjà été dit ou écrit ! Mais bon, la vie semble être un éternel recommencement… sommes-nous enfin dans le dernier tour ? Enfin capables de créer en toute conscience le bonheur, la santé et d'en cueillir les fruits ?

## *Notre passé (qui n'en finit plus)*

Nous pouvons commencer par parler de notre passé génétique. Au regard de l'évolution de la vie et de la compréhension de la science, sommes-nous génétiquement programmés pour être angoissés plutôt que relaxes ?

Il y a eu et il y a encore de nombreuses études scientifiques qui tentent de nous apporter des éclairages. Il va de soi qu'au vu de l'histoire de l'humanité, cela n'a pas été rose souvent. Il n'est pas rare que dans la littérature ou l'audiovisuel, l'histoire se résume souvent à des faits héroïques et guerriers de cette race de conquérant qu'est l'humain !

Le plus souvent, c'est notre système sympathique qui est le plus sollicité. Sans doute inévitablement, cette sursollicitation doit être inscrite quelque part dans notre génétique. Souvent en consultation, je peux constater que le passé qui, comme son nom l'indique, est dans le passé, occupe généralement une place de choix et de taille dans notre présent.

Si ce passé était teinté de joie de bonheur, de douceur et d'amour, cela ne serait pas trop préjudiciable. Je dis « pas trop », car réactualiser le passé au présent, c'est ne laisser que peu de place au présent.

Or, rappelez-vous, notre vie ne se passe qu'au présent. Donc, disais-je, si notre passé est chargé de tristesse, de peine et de misère, le réactualiser au présent réactive inévitablement les émotions qui en font partie. Et comme je vous l'ai dit : le corps ne fait aucune différence entre un passé réactualisé et un présent réel ! « L'ours » est là avec toutes les émotions, incluant la chimie destructrice !

Je suis bien d'accord pour dire que notre passé nous rend uniques de par son vécu. Mais c'est du passé ! Votre vie se passe ici et maintenant ! Vous n'êtes plus dans votre passé ! Les solutions pour changer d'état ne sont pas d'essayer de changer vos perceptions du passé. Vous avez fait ce que vous pouviez.

Oui, il y a eu la souffrance ; oui, il y a eu de la douleur ; oui, il y a eu un choc émotionnel ; oui, l'information donnée par vos émotions a été claire. De grâce, laissez tout cela guérir naturellement et revenez dans le présent. Dans ce présent, vous reprenez le pouvoir de votre vie ! C'est là que tout est possible ! C'est là qu'en toute conscience, vous pouvez changer votre état. Passez d'un état de mal-être à un état de bien-être. Si vous prenez la décision de vivre au présent aujourd'hui et que demain est votre dernier jour, eh bien, vous pourrez dire que vous accédez au cœur de votre vie, et il n'y a rien de plus merveilleux qu'être le cœur de sa vie !

Alors de grâce, trouvez-vous une boîte à chaussures ou un conteneur et rangez-y votre passé une fois pour toutes. Celui-ci vous appartient, mais il n'a plus de pouvoir sur vous. C'est vous qui reprenez votre vie, pour être dans la vie ! Il est archivé et comme une archive, on peut de temps à autre le consulter… rien de plus.

# Chapitre 17

## Ignorance des mécanismes énergétiques Tout est vibratoire : les mots, les actions

« Teilhard de Chardin affirmait que nos pensées sont des énergies vivantes, des énergies psychiques qui imprègnent le milieu ambiant. Ainsi, "l'univers est collecteur et conservateur, non pas d'énergie mécanique mais de personne. L'esprit n'est plus indépendant de la Matière, ni opposé à elle, mais émerge laborieusement d'elle sous l'attrait de Dieu par voie de synthèse et de contraction".

« Cette vision des choses expliquerait notamment les phénomènes de télépathie et l'affirmation selon laquelle les lieux possèderaient une mémoire, et qu'ainsi on trouve des lieux dits "maudits" de même que des lieux dits lieux saints.

« Teilhard qui inventa le principe de noosphère, sorte de milieu d'énergies psychiques qui envelopperait la terre, affirme ainsi que selon la nature des pensées humaines, bonnes ou mauvaises, ces dernières imprégnant le milieu ambiant seraient, entre autres, capables de dégénérer les organismes de vie, viendraient alors les maladies. Cette thèse rejoint en fait la parabole du jardin d'Éden dont Adam et Ève furent chassés par leur péché. Dans ce cas, la matière n'est rien d'autre qu'une pâte à modeler pour l'esprit, pour l'être humain, et que nous avons la création à notre charge. La matière, au sens propre comme au sens figuré, est notre poids à porter[17]. »

17. [http://fr.wikipedia.org/wiki/Mati%C3%A8re].

Mais où est donc passée l'Énergie, Le S.H.E.M.© ?

Eh bien, nous sommes un peu comme M. Jourdain (le bourgeois gentilhomme de Molière), qui faisait de la prose sans le savoir. Le magnétisme, je n'ai pas cessé d'en parler dans les chapitres précédents.

## *Les origines de la vie : la vibration – le Verbe*

« Au commencement était le Verbe, et le Verbe était auprès de Dieu, le Verbe était Dieu. Il était au commencement auprès de Dieu. Tout fut par lui et sans lui rien ne fut. Ce qui fut lui en était la vie. Et la vie était la lumière des hommes. Et la lumière luit dans les ténèbres et les ténèbres ne l'ont pas saisie […][18]. »

À lui seul, le Prologue de saint Jean est un morceau de gloire de « l'Écriture chrétienne » et de notre culture occidentale. Il proclame tout justement la gloire du « Verbe » de Dieu. En grec : *O LOGOS*.

## *Le Verbe ! Mais qu'est-ce que le Verbe ?*

Définition du dictionnaire *Le petit Robert* : « Un mot qui exprime une action, un état, un devenir, et qui présente un système complexe de formes… Avec *V* majuscule, parole de Dieu adressée aux hommes, le Logos… »

Quand je pense au mot « Verbe », je l'associe directement à un son, à une vibration et de cette vibration, en prenant un raccourci, on arrive à la matière, à nous.

Une vibration est un mouvement. Tout l'univers est mouvement, depuis les atomes jusqu'aux galaxies.

La vibration crée la forme, la forme est énergie et toute énergie engendre une vibration, un verbe qui à leur tour, engendrent une autre forme…

18. Début Prologue de l'Évangile de saint Jean.

les formes entre elles engendrent d'autres formes plus complexes… jusqu'à l'infini. Outre la vibration silencieuse (pas besoin d'oreille pour l'entendre), il y a la vibration sonore (pour certains ou certaines)…

Quand on regarde depuis la naissance de notre univers (le Big Bang), de cette vibration, de ce Verbe, on ne peut qu'en contempler la prodigieuse, merveilleuse et extraordinaire puissance créatrice.

Ce Verbe créateur semble savoir ce qu'il fait et, pourtant, je me pose une question : pourquoi nous donner cette conscience et ce libre arbitre sur notre environnement, sur notre être, sur notre vie ?

Je suis fasciné par la beauté de l'univers, la beauté de la création, la beauté et l'harmonie d'un corps humain. Avait-on besoin d'une conscience ? ! Avoir une conscience était-il vraiment nécessaire ?

Que nous soyons dotés de la parole, soit ! Le monde animal communique, entre autres, à l'aide des différents sons qui s'accompagnent de différents gestes : cris d'amour, cris d'alarme, cris de colère, cris de douleur… On peut dire que ce sont des cris vitaux.

Ces sons sont l'expression d'une pensée, d'un embryon de pensée, d'un embryon d'un langage ou du moins d'une émotion. Ils sont chargés d'une intention, d'un message, d'une vibration.

Ce Verbe est le lien de communication et de transformation entre les « parcelles » ou « individus » qui sont l'expression de l'unité primordiale.

Cette vibration de communication et de transformation, l'humain a le privilège de l'exercer. En effet, sans le Verbe, l'humain serait sans doute non pensant (dans notre connaissance actuelle de la vie). Grâce à ce Verbe, nous avons pu, depuis des milliers d'années, prendre le contrôle de notre environnement d'une façon rapide et spectaculaire.

Du Big Bang à aujourd'hui, 14 000 000 000 d'années et des poussières, l'humain est passé, sur 50 000 ans, de l'ère de la caverne à la taverne sur Mars (enfin… bientôt). Quel bond ! En dehors des progrès technologiques, ce qui est beaucoup plus important dans cette évolution, c'est que ce verbe transmis par le Verbe a engendré ou nous a révélé la conscience humaine !

En effet, plus l'humain dépassant les simples expressions primaires animales a fait travailler ses méninges, plus il a développé son intelligence, ses pensées, plus il fait preuve d'abstraction et plus il s'est posé des questions que lui seul (du moins je le crois, à mon humble avis et dans le degré de mes connaissances) était capable de se poser :

- Qui suis-je ?
- D'où est-ce que je viens ?
- Où est-ce que je vais ?

D'autres questions l'incitent à comprendre sa nature : « Connais-toi toi-même ! »

Ce prolongement du Verbe l'a amené à s'exprimer au-delà du geste, un verbe chargé notamment des phénomènes qui se passent en lui (ses émotions, ses sentiments, comme l'expression « je t'aime » dite à une femme). Ce verbe l'a aussi amené à développer une conscience d'exister, une conscience d'être, une conscience universelle (enfin... presque). Il est la synthèse de tout son être exprimé dans ce verbe par le Verbe dans le meilleur des mondes...

Le meilleur des mondes ? !

Revenons sur Terre, si vous le voulez bien ! Il y a des choses qui m'échappent. L'univers entier étant l'expression de ce Verbe, cette vibration semble vouloir tendre vers la complexification de combinaisons des particules de cet univers.

Cette complexification a créé l'humain. Dans ce même prolongement, l'humain a développé la conscience (toujours par cette même complexification). Je passerai sur les différents niveaux de conscience, sujet dont j'ai déjà parlé dans un des chapitres précédents. Donc cette conscience, le prolongement de l'humain, devrait être un outil de création complémentaire ajouté à la puissance du Verbe. Non ? !

Or, si on regarde les effets de cette conscience sur la «création», il n'y a pas toujours de quoi rester pâmé devant la beauté de l'œuvre ! Mensonges, guerres, dominations, destructions, souffrances, manipulations… sont issus de ce privilège de l'utilisation de ce verbe.

C'est sans doute «par manque de poils» que nous n'avons pas toujours su comment nous servir de cette conscience issue du Verbe.

Heureusement, il y a eu transmission du Verbe par le verbe. Nous avons, pour la grande part de l'humanité, perdu le sens de la parole, le sens du verbe. Nous avons, par la naissance de la conscience, perdu les origines du verbe.

## *Vous souvenez-vous de votre naissance ?*

Vous souvenez-vous de ce changement d'environnement du ventre de votre mère à celui de votre berceau ? Oui, non ?… En supposant que votre réponse soit non, sachez que pour la conscience, c'est pareil : elle a aussi oublié d'où elle vient. Et donc tout est permis, un peu comme les jeunes enfants qui sont capables du meilleur comme du pire : mettre le feu à la maison, arracher les moustaches du chat… ou nous faire un câlin d'amour ou un sourire qui nous fait fondre… La conscience agit de même.

Elle utilise ses outils comme des jouets pour jouer à la guerre, au bon et au méchant, au fort et au faible, au dominant et au dominé, au ventre plein et à la faim… Tout cela n'est que la face irresponsable de l'enfance et n'excuse en rien l'enfant des cruautés et des dégâts irréversibles engendrés par son ignorance de la vie. Cette ignorance nous serait fatale si elle devait se prolonger.

Par bonheur, l'enfant grandit… et la conscience aussi. De la conscience inconsciente, nous sommes passés à la conscience consciente. Il y a eu, heureusement, transmission du Verbe dans nos cellules, transmission par la tradition, transmission par l'exemple, transmission par les écrits. En écrivant cela, je me suis arrêté quelques instants pour penser à la puissance du Verbe, qui avec seulement une partie infime de l'humanité, réussit à transmettre sa volonté.

## *Encore l'amour de soi !*

Aujourd'hui, la conscience a pris conscience de son existence. Le Verbe, la puissance du Verbe, continue son œuvre à travers sa création. Par ce Verbe, l'humain peut atteindre une autre dimension s'il s'en donne la peine. Dans cette nouvelle dimension, nous prenons conscience de ce qui est bon pour nous. Nous prenons conscience que notre bonheur ou notre malheur dépend de nous. Nous prenons conscience que nous sommes capables d'harmonie en nous et autour de nous, que ce bonheur tant souhaité passe par l'amour, en commençant par l'amour de soi.

En apprenant à nous aimer, nous comprenons mieux ce qu'est aimer, aimer les autres et aimer tout simplement. Oui, ce sont souvent des paroles que l'on a entendues maintes fois. Encore faut-il savoir ce que c'est aimer. Les systèmes éducatifs ne réservent que très peu de place à ce sujet. Je me demande bien pourquoi…

**En gros, s'aimer, c'est être amoureux de soi-même, se porter autant d'attention que l'on en porterait à un être aimé…** à une grosse différence près : nous sommes unis avec nous-mêmes pour la vie. Se donner un amour inconditionnel, un support inconditionnel, une empathie inconditionnelle, une compassion inconditionnelle, une écoute inconditionnelle, des actions d'amour inconditionnelles…

## *Place à l'authenticité*

Cette conscience consciente ou conscience absolue ne laisse aucune place aux mensonges, aux manipulations, à la soumission. Cette conscience absolue vient en ligne directe du Verbe. **Comment vous sentez-vous quand vous êtes amoureux ?** Bien ? Très bien ? Super bien ? Cet amour est l'essence même du Verbe. Vous êtes son amplificateur à un point tel que vous ne pouvez pas l'imaginer.

Autrefois, la « parole perdue » n'était réservée qu'à quelques initiés, sorciers, chamans, alchimistes, mages, prêtres anciens, philosophes, penseurs, cercles initiatiques. Cette transmission parfois occulte s'est faite pendant des millénaires. Il est vrai que la vérité ou Vérité n'est pas toujours bonne à dire… mais c'est un autre sujet.

Aujourd'hui, grâce à l'effort de certains d'entre nous (les humains), le niveau de conscience a pris de la maturité. Aujourd'hui, nous sommes responsables de nous, responsables du tout. La puissance du Verbe est en nous et s'exprime par nous. Nous prenons conscience qu'au-delà de la matière visible, il existe des énergies qui circulent, agissent, s'unissent, provoquent des changements.

**Nous sommes dans « l'Épimatière ».**

Nous prenons conscience que nos pensées sont dotées de puissance et d'action. Nous prenons conscience que nous sommes responsables de la suite de notre destin… de vie. Chacune de nos pensées n'est pas que de simples mots dans un cerveau. Elle est porteuse d'une vibration qui altère notre futur et le futur de l'humanité. Nous fabriquons chaque jour les ingrédients vibratoires qui feront la vie de demain. Comment souhaitez-vous vivre ? Comment souhaitez-vous que vive l'humanité ?

Allons-nous laisser charger cette vibration de pensées destructrices, de douleur, de peur, de peine, de souffrance ? Comment vous sentez-vous aujourd'hui ? Là est la première question à vous poser chaque matin et le plus souvent possible dans votre vie. La réponse vous indiquera l'écart qu'il reste à combler pour être dans une résonance d'amour. Ou tout simplement l'écart entre votre état et le bonheur. Si cet écart et cet état ne conviennent pas, alors changez cela en vous rendant la vie plus heureuse. Le bonheur n'est ni un droit, ni un devoir. C'est un état naturel de conscience absolue dans lequel chaque humain devrait vivre.

Voyez ce qui empêche votre cœur d'être heureux dans votre vie. Il est possible que cela implique des changements radicaux dans votre mode de vie, dans vos relations, dans votre perception de ce qui est important ou ne l'est pas. Écoutez-vous, le Verbe s'exprime en vous. Cette vibration vous donne l'heure juste. Je suis heureux ou je ne le suis pas ! Rien n'est impossible. Les limites ne sont qu'illusions créées par notre mental, illusions créées par « l'enfant conscience ». Vous n'êtes plus des enfants !

Êtes-vous disposés à devenir des Maîtres de conscience absolue et à accomplir le grand œuvre par la puissance et la beauté du Verbe qui coule en nous ?

Le chemin est simple et puissant, tout comme le Verbe créateur. Aimez-vous ! Je ne parle pas d'un amour égoïste branché sur les erreurs de « l'enfant conscience », non… ! Je parle de s'aimer pour se connaître soi-même, oublier que nous sommes un individu, être tout avec le Tout…

> « Aller au-delà du corps et de l'esprit… dépasser l'éveil tout en le manifestant constamment. »
>
> Maître Dogen

## *Tout est vibration*

Tout est vibration : la pensée, les émotions, le stress et ses effets. En effet, comme nous l'enseigne la physique quantique, nous sommes vibration, le monde est vibration, l'univers est vibration. Quand je parle de vibration, je parle d'ondes émises par la matière (notre corps et notre environnement et la non-matière), la pensée, les émotions. Une onde transporte de l'information. Cette information peut être comprise par la nature entière et par l'univers. Tout est lié.

Quand vous passez une IRM (imagerie par résonance magnétique), que se passe-t-il ?

Comme l'indique son nom, la résonance magnétique nucléaire utilise la résonance. La résonance est une absorption d'énergie par un système à une fréquence déterminée. Pour que notre corps entre en résonance, il faudra que cette onde émise ait exactement la même fréquence que celle de notre système. C'est ainsi que l'on peut reconnaître les fréquences émises par les cellules cancéreuses, car leur état vibratoire est différent de celui des cellules saines. Ces émissions d'ondes peuvent être constructives ou destructives.

L'énergie dans laquelle on est va avoir une influence sur nos réactions et sur tout ce que l'on rencontre. Cette énergie va aussi vous permettre de comprendre votre niveau de motivation. La motivation qui va me permettre d'agir avec plus ou moins de force. Qu'est-ce que la motivation ? Je vais vous donner un exemple. C'est le week-end est vous avez prévu aller rejoindre des amis pour faire une marche en forêt. Vous avez mal dormi, il fait froid et ça ne vous tente pas trop de mettre le nez dehors : vous avez envie de ne pas bouger. Vous n'êtes pas dans cette énergie qui vous motiverait à sortir. Pas de volonté ni d'énergie pour vous déplacer. Vous appelez pour annuler et votre amie vous informe d'une belle surprise. Tom et Jerry, des amis que vous n'avez pas vus de longue date, sont de passage chez elle et ils seraient ravis de vous revoir.

Vous aussi, vous les appréciez et vous ne les voyez que trop peu souvent. En un instant, tout va changer. Le manque d'énergie va faire place à une excitation agréable. Vous allez vous préparer et rien ne vous fera changer d'avis, ni le froid, ni le mauvais temps, ni votre mauvaise nuit… Que s'est-il passé ? Votre état a changé, vous êtes passé d'un état amorphe à un état de mouvement !

Votre motivation s'est chargée de vibration énergétique qui va influencer votre comportement. Vous avez sans doute déjà connu ces changements d'état. Cet état vibratoire, au même titre que l'IRM, va non seulement entrer en résonance avec toutes les choses qui lui ressemblent, mais va interférer sur votre propre état.

Le plaisir de Tom et Jerry de vous revoir entre en résonance avec votre état. La joie, le plaisir vont se multiplier. Cette résonance transporte des messages diffusés dans le corps dans son entièreté. Vous est-il déjà arrivé d'avoir une migraine, le téléphone sonne et c'est Tom ou Jerry qui vous appellent ? Cela vous fait toujours plaisir de leur parler et au bout de quelques minutes, finie, la migraine ? Tous ces messages souvent passés inaperçus ont une énorme influence sur notre état de santé, sur notre capacité d'autoguérison.

N'oubliez pas que votre pensée va générer des émotions, qui seront transformées en énergie vibratoire, qui influera vos manifestations physiques, psychiques et spirituelles.

# Chapitre 18

## Les aspects vibratoires des aliments

« Que ta nourriture soit ton médicament et ton médicament, ta nourriture. »

HIPPOCRATE

« Le degré de force dépend essentiellement de la nature de l'alimentation. »

HERBERT SPENCER

Nous connaissons tous les bienfaits d'une alimentation saine et équilibrée sur la santé. Son apport quotidien en nutriments, vitamines et sels minéraux de toutes sortes fournit à notre corps tout ce dont il a besoin pour assurer notre bonne santé.

Il y a un autre aspect de l'alimentation que j'aimerais aborder, c'est le côté vibratoire ou radiations des aliments. Car en dehors des nutriments que les aliments nous apportent, ils nous apportent aussi des « nutriments vibratoires ou radiants ». Chaque aliment émet des radiations. Ces radiations sont spécifiques à chaque aliment et varient en fonction de leur fraîcheur et de leur condition. Ces radiations sont captées par notre corps et nos cellules au même titre que les nutriments traditionnels. J'emploie volontairement « vibratoire » ou « radiant » pour ne pas confondre avec le mot « énergie » ou « énergétique » que nous utilisons dans le jargon de l'alimentaire pour parler des aspects caloriques ou excitants sur notre système physiologique.

André Simoneton, ingénieur de formation, qui a séjourné malgré lui dans les fameux camps de la mort durant la Seconde Guerre mondiale et ayant connu la faim et la privation alimentaire, a pour conviction que tout, dans l'univers, émet des ondes.

Il est un des premiers, dans les années 50, à considérer l'alimentation sous sa forme énergétique et non pas nutritionnelle. Je partage entièrement son avis quand il dit que « toute maladie se développe à la faveur d'un terrain énergétique propice. C'est-à-dire lorsque la vitalité de l'organisme a été dégradée par des aliments manquant eux-mêmes de vitalité ».

C'est ainsi que les conserves alimentaires, malgré les nutriments, les sels minéraux, les glucides, les vitamines, etc., qu'elles contiennent, finissent par affaiblir nos réserves énergétiques et placer notre corps en vibration ou en résonance avec certaines pathologies ou maladies.

## *Les ondes du vivant*

Nous connaissons les ondes de la radio, longues de plusieurs mètres, celles de la lumière et de ses différentes couleurs, et celles des éléments dits « radioactifs » dont la longueur d'onde est calculée en *angströms*, unité de mesure équivalente à un dix millionième de millimètre.

D'après Simoneton, le vivant n'échappe pas à cette règle. Chaque organisme se caractérise par l'émission d'une certaine longueur d'onde spécifique qui, en baissant, entraînerait dégénérescence, maladie et mort. N'oublions pas que dans les années 50, cette vision de la matière en termes de vibration était très avant-gardiste. Aujourd'hui, nous savons qu'il était dans l'authenticité.

Notre organisme vivant en symbiose avec son environnement et ses effets radiants influence constamment notre longueur d'onde, la faisant diminuer ou, au contraire, croître. La radioactivité du radium ou de l'uranium (cas extrême) ou, plus simplement, les ondes telluriques et cosmiques ont notamment ce pouvoir.

Pouvons-nous croire que les aliments que nous absorbons échapperaient à cette loi universelle ? Ne pourrions-nous pas envisager que c'est plutôt la vibration de ces aliments qui assurent le maintien ou l'appauvrissement de notre énergie physique ?

Les organismes vivants assurant notre alimentation sont eux aussi dotés d'une longueur d'onde particulière qui ajoute ou retranche à la longueur d'onde de l'organisme qui les absorbe. Simoneton utilise d'ailleurs volontiers le terme de « radiovitalité » pour qualifier la radiation du vivant.

La radiovitalité d'un organisme humain en bonne santé se situerait entre 6200 et 7000 angströms, toujours selon Simoneton.

Il en est ainsi d'un fruit, d'une céréale. Ces aliments possèdent leur propre longueur d'onde de santé. Les divers traitements que nous leur faisons subir peuvent modifier leur puissance énergétique, comme la cuisson ou le temps entre la cueillette et la consommation, etc.

Dans ce temps qui précède la consommation de l'aliment, sa vibration va diminuer jusqu'à le faire pourrir. Pourriture et maladie sont donc liées à un changement de longueur d'onde favorisant le développement des parasites.

Toujours selon Simoneton, chaque microbe correspond à une longueur d'onde, donc si notre état vibratoire s'approche de cette vibration, le terrain (c'est-à-dire notre corps) favorise le développement de ses mêmes microbes.

Dans les années 50, on pouvait considérer cette approche peu scientifique, mais pleine de bon sens. Aujourd'hui, elle est non seulement pleine de bon sens, mais la science valide ces informations.

Cela dit, la majeure partie de la classification de Simoneton coïncide avec le bon sens. Chacun pourra s'y référer en toute confiance.

## Classification des aliments

Simoneton classe globalement les aliments en quatre catégories :

- **Les aliments supérieurs** dont la longueur d'onde dépasse celle de l'organisme et qui, pour cette raison, ne peuvent que lui profiter. Ces aliments seront consommés en priorité si l'on veut conserver une bonne santé, voire en exclusivité en cas de maladie.

- **Les aliments de soutien** dont la fourchette de longueurs d'onde couvre un champ compris entre l'organisme sain et l'organisme malade. On ne doit pas en abuser, surtout en cas de maladie, mais plutôt consommer, par ailleurs, suffisamment d'aliments supérieurs. Ces aliments peuvent encore contribuer à notre alimentation.

- **Les aliments inférieurs** qui vibrent en dessous du niveau de radiation d'un corps humain en vie. Ils sont généralement privés de la moindre vitamine et ne doivent en aucun cas être donnés à un malade, ni même à toute personne souffrant du moindre trouble digestif, allergique ou autre.

- **Les aliments morts** qui n'émettent pas la moindre radiation de vie et qui sont certainement responsables d'une majeure partie des maladies modernes, si ce n'est de la dégénérescence de la race humaine.

Dans l'approche de Simoneton, peu d'aliments naturels et frais appartiennent aux classes inférieures. Il ne jette pas l'anathème sur la tomate ou la pomme de terre, comme l'ont fait certains diététiciens. Pour lui, ce sont surtout les procédés de transformation de l'aliment qui en altèrent la qualité énergétique. Ainsi, la cuisson à l'eau dissipe la radiation des aliments ; la fermentation, notamment des fromages, correspond à une « cadavérisation » du produit ; et la pomme de terre mangée un ou deux jours après sa cuisson n'a plus aucune vitalité…

En fait, c'est le temps qui, plus que toute autre *cuisine*, attaque l'intégrité énergétique de nos aliments. Le fruit, quelques jours après avoir été cueilli, commence à décliner sur le plan énergétique ; la farine, peu de temps après avoir été moulue, ne recèle plus aucune ressource vibratoire ; le lait, au bout de son voyage qui le conduit de la ferme à la laiterie parisienne, a tout perdu…

Et s'il nous fallait résumer la morale du système de Simoneton, sans doute devrions-nous dire qu'il nous faut vite aller vivre à la campagne, et ne plus consommer que les produits de notre jardin !

## Les aliments selon leur valeur énergétique

**1. Aliments supérieurs** (entre 6500 et 10 000 angströms)

* Fruits crus : raisin, orange, citron, pamplemousse, pêche, pomme, framboise, poire, prune, melon, ananas, abricot, fraise, groseille, figue ; et, à un degré moindre : figues sèches et dattes.

* Jus de fruits : ananas, raisin, orange, citron, pamplemousse, pêche, pomme, cerise, framboise, poire, melon, prune, abricot.

* Légumes crus (frais, voire très frais) : ail, carotte, tomate, poireau, oignon, haricot vert, champignon, chou, radis, salade verte.

* Légumes cuits : soupes (de pommes de terre, aux choux de Bruxelles, au navet, aux carottes), pommes de terre en robe des champs cuites au four, légumes cuits à l'étouffée (petits pois, carotte, pomme de terre, salade, haricot vert), ratatouille niçoise, farine de manioc.

* Céréales (à consommer en flocons, en grains complets, ou à moudre ou à broyer chez soi, juste avant l'emploi) : flocons d'avoine, blé (farine fraîche, blé broyé, blé germé, blé entier, pain maison, gâteau de semoule à l'eau, crêpe, galettes soja/blé, biscuits, clafoutis), farine de sarrasin, maïs… Les autres céréales ne semblent pas avoir été testées par Simoneton, mais sont très probablement tout à fait recommandables.

* Oléagineux : noix fraîches, olives noires, amandes, noisettes, noix de coco.

* Produits laitiers : beurre sortant des barattes, gruyère frais, cantal, port-salut, lait frais.

* Viandes : jambon fumé à l'ancienne (de moins d'un mois).

* Poissons : poissons de mer et fruits de mer frais et crus ou crabe, langouste, maquereau, thon, sole, rouget, sardine, barbue (grillés ou cuits au four uniquement).

* Autres : sel frais des salins, miels extraits à froid, mélasse noire.

**2. Aliments de soutien** (entre 4000 et 6000 angströms)

* Fruits crus : cassis, fruits déshydratés (raisin sec, pruneau, abricot sec…), compotes de fruits.

* Légumes crus : légumes déshydratés.

* Légumes cuits : gros artichaut, purée de pommes de terre.

* Céréales et farineux : galette de sarrasin, tapioca au lait, semoule au lait, biscottes (récemment fabriquées).

* Produits laitiers : fromage de Hollande, œufs (de huit jours), beurre (de huit jours), fromage crémeux, crème (de quatre jours).

* Viandes : viandes tuées du jour ou de la veille et de préférence crue (ou à peine saisie), ou porc tué de quatre jours.

* Poissons : poissons de rivière.

* Autres : vin doux naturel, crème renversée, confiture de prunes au sucre roux.

**3. Aliments inférieurs** (entre 1000 et 3000 angströms)

* Fruits crus : tous les fruits, verts, blets ou en voie de pourriture, tels qu'ils sont vendus dans les grandes villes.

* Légumes crus : artichaut cru, pomme de terre crue, légumes fanés.

* Légumes cuits : tous les légumes trop bouillis.

* Céréales et farineux : farines (de quelques mois), farine de châtaigne, biscottes (vieilles), crèmes au lait.

* Produits laitiers : lait (tel qu'il arrive dans les grandes villes), crème (de 6 à 10 jours), beurre (de 12 à 15 jours).

* Viandes : petits animaux tués de quatre jours, rôtis.

* Poissons : tous les poissons de plus de trois jours.

* Autres : sel gemme, vins ordinaires, vins d'apéritif, confitures ordinaires.

**4. Aliments morts** (0 angström)

D'une manière générale, toutes les conserves, les fruits ou légumes pourris, les pâtes, les farines de plus de six mois, la margarine, les pâtisseries industrielles, les fromages fermentés, les œufs en poudre, les viandes cuites et les abats, les alcools, le café, le thé, le chocolat.

## Radiovitalité de l'eau

Chimiquement pure, l'eau est réputée bienfaisante, notamment les eaux en bouteille.

Pourtant, Simoneton affirme que, physiquement, les eaux en bouteille sont mortes (0 Å), surtout lorsqu'elles sont très pures. Elles deviendraient donc, à la longue, plutôt néfastes à la santé. Pourquoi ?

L'explication est simple : l'eau a le pouvoir de se dynamiser au contact de tout émetteur d'ondes, par conséquent en pénétrant dans le corps humain. Dans l'estomac, une eau à 0 Å capte ainsi une partie de l'énergie de l'organisme, jusqu'à atteindre 6500 Å. Elle se comporte donc comme une sorte de vampire énergétique.

Par contre, une eau déjà dynamisée délivre une partie de sa radiovitalité à l'organisme et le stimule énergiquement.

Les meilleures eaux sont – nous dit Simoneton – les eaux de montagne, les eaux de glaciers ou celles des sources profondes.

Les eaux minérales consommées directement et immédiatement à la source sont particulièrement chargées en radiations, et c'est précisément ce qui fait leur valeur thérapeutique. Il convient, d'ailleurs, de les doser avec la plus extrême précision.

Simoneton en a testé quelques-unes :

Evian : 8000 Å
Vittel Hepar : 10000 Å
Vittel grande source : 8500 Å
Saint Nectaire Parc : 11375 Å
Saint Nectaire Rocher : 13065 Å
Berthemont St-Jean-Baptiste : 15065 Å
Vichy Hôpital : 13780 Å
Châtel Guyon Yvonne : 14300 Å

Vichy Célestins : 13 975 Å

Châtel Guyon Germaine : 15 150 Å

Saint Nectaire Mandon : 15 150 Å

Vichy Lardy : 13 150 Å

Vichy Dubois : 16055 Å

Châtel Guyon Miraton : 16 250 Å

Amélie les Bains petite : 18 415 Å

Amélie les Bains Carnadore : 17 100 Å

Berthemont St Julien : 18 200 Å

Vichy Chomel : 11 750 Å

Vichy Grandegrille : 18 000 Å

Sans doute faudrait-il attribuer les guérisons dites *miraculeuses*, comme celles de Lourdes, aux radiations extrêmement élevées de ces eaux, radiations qui, en résonance avec l'état d'intensité psychique que certains croyants peuvent atteindre en ces occasions, provoqueraient des transformations dans la structure de la matière à des niveaux encore inconnus par la science.

Ces eaux miraculeuses, bien sûr, sont plus rares que celles qui proviennent de rivières, de drainages, de citernes d'eaux de pluie (extrêmement malsaines) ou celles qui coulent de nos robinets ou que nous achetons en bouteilles.

Mais, fort heureusement, Simoneton a également découvert qu'il était possible de redynamiser ces eaux de faibles radiations par un moyen à la portée de tous : le mélangeur.

En effet, un court passage dans un bol mélangeur (en verre, de préférence) peut faire passer :

* L'eau du robinet : de 2000 Å à 6000 Å ;

* L'Evian : de 2000 Å à 7000 Å ;

* La Vittel : de 3500 Å à 7000 Å ;

* La Volvic : de 0 Å à 6500 Å.

À condition de boire assez rapidement cette eau dynamisée (car sa longueur d'onde chute de la moitié en une dizaine d'heures, et se retrouve généralement à 0 Å au bout de 24 h), il devient, selon Simoneton, vraiment très sain de boire de l'eau.

Quant aux tisanes, Simoneton vous conseille la mélisse (9000 Å), les feuilles d'oranger (8500 Å), le noyer (8500 Å), la camomille (8000 Å), l'écorce de chêne (8000 Å), le frêne (8000 Å) et la menthe (8000 Å). Il déconseille les semences d'angélique, la bourdaine, le chiendent, la racine de gentiane, les queues de cerise et le romarin qui, toutes, seraient à 0 Å.

## Longueur d'onde des huiles

L'huile d'olive est certainement la meilleure huile et, cela, pour plusieurs raisons :

- sa longueur d'onde est des plus élevées (9000 angströms) ;
- elle conserve extrêmement longtemps sa radiovitalité (plus de dix ans) ;
- sa longueur d'onde s'ajoute à celle des aliments qu'elle accompagne (ainsi : pain complet frais + huile d'olive = 14000 angströms).

Toutefois, seule l'huile d'olive de première pression à froid atteint les 9000 Å. Une huile de seconde pression ne parvient qu'à 7500 Å ; une huile de seconde pression désodorisée et décolorée n'a plus que 4000 Å ; et une huile extraite à chaud ou à l'aide de solvants, 0 Å.

Quelques autres huiles de première pression et datant de l'année en cours ont été testées par Simoneton[19] :

* Huile de noix : 8500 Å ;
* Huile de foie de morue (du Codex) : 7500 Å (ne pas confondre avec des huiles de foie de morue de marque x ou y, qui titrent 0 Å) ;

19. Simoneton, André. *Radiation des aliments, ondes humaines et santé*, Paris, Le Courrier du Livre, 1971, 301 pages.

* Huile d’arachide : 6500 Å ;

* Huile de Colza : 5000 Å ;

* Huile de navette : 5000 Å ;

* Huile de pépins de citrouille : 3000 Å ;

* Huile de ricin : 3000 Å ;

* Huile d’œillette : 1000 Å ;

* Huile de noyaux (abricot et pêche) : 0 Å ;

* Huile d’amande douce : 0 Å ;

* Huile de poisson : 0 Å.

# 2$^{e}$ partie : La pratique

## Où allons-nous ?

# Chapitre 19

## S'observer pour se guérir

En tant qu'êtres humains, on nous enseigne souvent diverses valeurs nécessaires à appliquer pour notre épanouissement, comme la droiture, la vérité, la solidarité, l'altruisme. L'esprit de sacrifice, les devoirs d'une maman, d'un papa n'ont besoin que d'une seule loi pour nous amener à être tout cela au mieux de ce que l'on est. Je veux parler de la loi de l'amour.

Avant de vous parler de cette loi, je ferai un retour en arrière jusqu'au big-bang. En effet, tous les scientifiques et physiciens s'accordent pour dire qu'à l'origine, tout était un. Nous pouvons encore le vérifier aujourd'hui par des expériences scientifiques qui prouvent que tout est relié. Il y a une expérience qui a été menée en laboratoire à partir de notre ADN. En effet, on a prélevé une molécule ADN d'une personne, que l'on a mise à l'écart dans une autre pièce

Les scientifiques ont fait subir à cette personne des expériences qui ont engendré des réactions émotives. On a constaté que la molécule d'ADN réagissait de la même façon que cette personne.

Une deuxième expérience a été réalisée avec un groupe de méditation dans la ville de Chicago. On a essayé de voir si un groupe de personnes en méditation, ayant de belles pensées de paix, de sérénité et d'amour, pouvaient influencer la criminalité dans cette ville… On a constaté une baisse de criminalité signifiante, soit 30 % pendant la période de méditation.

S'aimer. La première chose essentielle dans la vie de chacun de nous est tout d'abord de s'aimer ; mais pourquoi ? De par la nature même de ce que nous sommes et parce que nous sommes avec nous-mêmes depuis la naissance (avant la naissance je ne sais pas ce qui se passe, donc je n'en parlerai pas).

Nous sommes donc avec nous depuis la naissance jusqu'à la mort, après la mort, je ne sais pas. Tout ce que je peux affirmer, c'est que je suis ici dans cette vie matérielle avec « moi » pendant toute ma vie terrestre.

Ce que je veux exprimer par cela c'est que nous sommes indivisibles corps et esprit alors que nos amis, notre conjoint, nos enfants… peuvent nous quitter à tout moment et nous laisser avec ou sans raison.

# Chapitre 20

## Comment franchir toutes les barrières pour transmuter notre état destructif, angoissé et stressé en un état constructif, serein et paisible

### *Simplicité des procédures pour l'accès au bien-être*

Que j'aime ce mot, « simplicité » ! Je dois dire qu'il fut un temps où dans ma tête, « simplicité » rimait avec « pauvre » ou « niaiseux ». Il me fallait du bon et du bien compliqué pour me complaire dans ma fierté de comprendre l'incompréhensible et me sentir brillant, intelligent, bref faire partie d'une « élite intellectuelle ».

Cela était en apparence merveilleux de vivre dans un monde peuplé de néant ou de coquilles vides. Pas tout à fait vides, car elles étaient remplies de mots, de phrases toutes plus intelligentes les unes que les autres, remplies d'intellectualisme. Oh ! que c'était beau de partager cela avec mon élite autour d'un repas où le temps s'arrêtait, où Dieu et moi étions presque égaux, tant mon cerveau brillait de tous ses feux ! Cela faisait du bien !

Du bien ? À qui ? À quoi ? Mon quotidien me semblait toujours aussi galère que la veille. Le bonheur se faisait tout aussi rare. Oh ! en apparence, c'était le contraire. Mais en dedans, rien de bien neuf…

Je peux vous dire aujourd'hui qu'il me semble que la vie ne demande pas de cerveaux qui fument pour être bien vécue.

La beauté est simple.

Qui n'est pas émerveillé par la beauté simple de la nature ? À quel point cela nous fait-il du bien au fond de nous, de la regarder et d'y contempler…

- l'immensité d'un ciel profond étoilé ;
- la beauté d'une fleur, aussi simple soit-elle ;
- la beauté de notre biologie ;
- la beauté de la senteur de la rosée du matin ;
- la beauté d'un sourire, la beauté d'un « je t'aime », yeux dans les yeux…

Alors, retrouvons toute cette beauté, toute cette puissance dans des actions simples de la vie. Par exemple, vous êtes au bureau depuis plusieurs heures, le travail est stressant… et soudain vous pensez à vous.

- Comment est-ce que je me sens, là, maintenant ?
- Suis-je stressé, tendu, fébrile… ?

En lisant ce qui suit, je vous invite ensuite à le faire comme si vous étiez au bureau.

Vous vous arrêtez quelques secondes que vous allez vous réserver en ne pensant qu'à vous. La réponse à votre question n'est pas toujours évidente, alors vous allez prendre une grande, très grande respiration. Bloquez l'air deux secondes, expirez lentement en vous mettant en conscience au cœur de vous, c'est-à-dire au niveau du plexus. Sentez-vous une détente au niveau du plexus ? Cela vous fait-il du bien ? Refaites-le deux ou trois fois, toujours en conscience. Cela fait du bien non seulement dans votre *ressenti*, mais aussi c'est un message direct à votre système parasympathique. Vous vous souvenez, celui qui remet tous vos systèmes en fonction : système immunitaire, système digestif, système hormonal…

## *Harmoniser intention et désir*

Il faut faire très attention à ce qu'intention et désir soient en harmonie. Comme nous l'avons vu précédemment, même si vous n'en êtes pas conscient, les deux vont soit s'harmoniser et créer une énergie forte et créatrice par synergie, soit venir bloquer la réalisation de l'intention si ils sont en contraction. C'est ainsi que le dit David Lefrancois dans sa formation Quantum Système :

> « Votre intention doit être pure, c'est-à-dire ni manipulatrice, ni basée sur la peur, ni désespérée. En d'autres termes, vos motivations doivent être sincères, saines et vous faire honneur, à vous comme aux autres. La loi du pur désir dit que lorsque vous êtes poussé par une intention pure (c'est-à-dire libre de peur, de doute et de désespoir), vous pouvez être certain d'obtenir un résultat bénéfique. Être libre de peur modifie l'énergie de votre motivation. Elle passe d'une vibration négative et résistante à une vibration positive, réceptive. Vous allez passer d'une énergie d'attente et de désespoir à une énergie d'espoir et d'anticipation positive, qui est une composante essentielle de cette loi.
>
> « L'espoir vous redonne de l'énergie. Il élève l'âme, ouvre le cœur et il est une source d'enthousiasme et de dynamisme. Sans l'espoir, vous ne pouvez pas être dynamisé par votre désir, ni conserver votre passion suffisamment forte pour persévérer lorsque des obstacles apparaissent. Le dynamisme et l'enthousiasme sont comme les amplificateurs d'un appareil stéréo, nourrissant d'énergie votre désir.
>
> « Mais vous ne réussirez pas à conserver ces émotions puissantes si votre espoir n'est pas sincère et que vous ne croyez pas réellement que votre rêve peut et doit devenir une réalité pour vous. De plus, la perte d'espoir peut être une des causes les plus importantes de la dépression et du désespoir, deux énergies sombres que rien de brillant ou de beau ne peut traverser. »

# Chapitre 21

## Soins de base en S.H.E.M.©

Le S.H.E.M.© permet, par les mots qu'il représente, de dépasser bien au-delà de leur définition respective l'action que peut avoir le S.H.E.M.© sur votre vie, sur votre bien-être et sur votre santé.

Le S.H.E.M.© est à la fois un ensemble de soins pour la prévention, le maintien et le retour à la pleine santé et un art de vivre simple qui permet d'arriver rapidement à la conscience de soi avec des outils que nous possédons tous pour nous retrouver rapidement dans un état de bien-être et augmenter notre potentiel d'autoguérison. Ces soins permettent d'agir véritablement sur la cause énergétique des maux et ces techniques permettent d'interférer véritablement au cœur même de notre système cellulaire. Ces interférences constructives agissent sur le comportement de nos cellules afin des les ramener à une vibration de bonne santé.

Le S.H.E.M.© considère l'humain dans sa globalité « corps et esprit », car l'un ne va pas sans l'autre. C'est pour cela que cette méthode est très efficace non seulement pour contrer, par exemple, les effets destructeurs du stress et pour agir véritablement sur tous les débalancements énergétiques tant physiques que psychiques, mais aussi pour vous apporter les outils nécessaires à une meilleure compréhension du fonctionnement de l'humain et les moyens pour se rendre la vie paisible, heureuse et harmonieuse.

La première rencontre nous permet de faire un bilan de santé global afin de déterminer quels sont les outils défaillants et quels sont les soins nécessaires afin de vous aider à réactiver ou à augmenter votre pouvoir d'autoguérison tant physique qu'émotionnelle.

## *Soins de base*

Les soins de base sont un ensemble de soins pour la prévention, le maintien et le retour à la pleine santé. Ses soins permettent d'agir véritablement sur la cause énergétique des maux. Ces techniques permettent d'interférer véritablement au cœur même de notre système cellulaire. Ces interférences constructives agissent sur le comportement de nos cellules afin de les ramener à une vibration de bonne santé.

- ❖ Soins utilisés en prévention pour éviter un affaiblissement énergétique potentiellement dangereux, et pour rétablir, revitaliser les vibrations cellulaires susceptibles de nuire à la bonne harmonie de la santé globale (physique et mentale).

- ❖ Soins dispensés en fonction de l'horloge biologique de l'être humain dès qu'il ressent un excès de fatigue ou lors des changements de saison (exemple : augmenter l'efficacité des systèmes circulatoire et immunitaire pour affronter la rudesse de l'hiver ou un environnement stressant).

- ❖ Soins pour évacuer les énergies anciennes ou récentes, nocives et pathogènes, rétablir l'équilibre énergétique des cellules malades et favoriser la disparition des pathologies.

- ❖ Soins consécutifs à une pathologie déclarée médicalement, ou suite à un traitement médical ou après une chimiothérapie, pour ramener le taux de vibration cellulaire à la normale.

- Soins préparatoires à une intervention chirurgicale, ou ultérieurs à celle-ci, pour favoriser une rapide réparation des tissus.

- Soins de consolidation pour équilibrer les énergies et les maintenir à une vibration saine et normale.

- Soins apportant un apaisement physique et mental, une meilleure forme générale, un meilleur sommeil, un moral à la hausse, afin d'aider et de soutenir un sevrage d'antidépresseurs (suivant l'avis du médecin), etc.

**Il est à noter que seul un médecin a le droit d'établir le diagnostic médical et de prescrire les produits nécessaires au bien-être du patient. Le praticien en S.H.E.M.© ne prescrit rien et ne remplace pas le médecin. Ces soins sont complémentaires à la médecine dite traditionnelle.*

# Chapitre 22

## OSL
## (Optimisation du système lymphatique), massage énergétique et réinitialisation cellulaire

En plus de permettre de nourrir les cellules et d'éliminer les toxines de l'organisme, la lymphe est un liquide vital qui joue un rôle prépondérant dans l'immunité, la réparation et l'élimination. Hélas, la circulation lymphatique est aisément perturbée par les nombreux chocs émotifs, psychiques et physiques générés par notre mode de vie trop stressant et peu adapté aux besoins du corps.

L'OSL© a pour but de favoriser la circulation de la lymphe et de la rendre plus effective dans ces différents rôles :

- Système immunitaire plus efficace ;
- Meilleure élimination des problèmes circulatoires ;
- Stimulation de l'évacuation des déchets et toxines.

Problèmes circulatoires, fatigue chronique, certains types de douleurs abdominales, œdèmes, cellulite, sensation de lourdeur aux jambes : voilà quelques-unes des conséquences d'un système lymphatique fonctionnant au ralenti.

Les effets de l'OSL© sont sans pareils, ainsi :

- Elle permet de résorber les œdèmes en accélérant la réabsorption des liquides et des macromolécules en excès dans le milieu conjonctif ;

- Elle réactive la lymphe « dormante » et permet une meilleure irrigation des zones à risque de cellulite ;

- Elle optimise le système immunitaire ;

- Les jambes sont allégées et retrouvent une forme et un aspect normal, les pieds dégonflent et retrouvent leur bonne pointure ;

- Les ganglions des aisselles et des seins se vident de la lymphe qui les gorgeait, éliminant du même coup les stases nodulaires que cet état avait provoquées ;

- Elle optimise les divers échanges et elle favorise la régénération et la réparation des tissus ;

- Elle permet d'optimiser les échanges tissulaires permettant une meilleure circulation des éléments défensifs vers les organes et les cellules ;

- L'action de l'OSL© est apte à redonner une mobilité normale au côlon favorisant une meilleure coordination dynamique du péristaltisme ;

- Le visage s'éclaire et se tonifie naturellement, aussitôt l'état des ganglions normalisés.

De plus en plus appréciée par le corps médical et paramédical de par son efficacité dans les soins préventifs, curatifs et esthétiques, l'OSL©

procure aussi un état de bien-être et de détente totale. Ce soin demande un investissement personnel et un sérieux à toute épreuve de la part du praticien en S.H.E.M.©.

## *Massage énergétique*

La technique des MASSAGES ÉNERGÉTIQUES RÉNOVATEURS® vise l'entretien, le bien-être et le maintien d'une bonne hygiène de santé. Essentiellement dispensée par des moyens manuels, cette approche est particulièrement efficace pour les jambes et l'abdomen, deux leviers indispensables pour obtenir l'amincissement escompté.

En finale des massages, le spécialiste prend soin de bien régénérer la peau, afin que le sujet puisse bénéficier d'une vitalité exceptionnelle.

## *Réinitialisation cellulaire*

Albert EINSTEIN a dûment démontré que la matière était de l'énergie. Les physiciens savent comment créer de la matière à partir de l'énergie.

Dans cette perspective, la Réinitialisation Énergétique Cellulaire© permet de remplacer les plasmas énergétiques défectueux – causant des pathologies – par un nouveau plasma neutre puisant ses informations au cœur même de notre ADN et permettant ainsi aux organes de se restructurer. C'est là une technique qui ne nécessite ni anesthésie, ni ouverture, ni coupure, ni ligature, ni greffe, ni ablation, comme c'est le cas en chirurgie clinique.

Cela peut sembler difficile à accepter. Pourtant, la plupart d'entre nous sommes d'accord pour admettre que nos pensées sont vibratoires, sont des ondes. Nous savons que les ondes transportent de l'information. Ne serait-il pas tout aussi plausible de projeter en conscience par nos pensées au sein même d'un autre corps que le nôtre et de provoquer ou de favoriser une réaction énergétique d'autoguérison ? J'y crois fermement puisqu'aux fruits de mon expérience de praticien, les résultats sont là !

Je pourrais vous en dire beaucoup plus, car pour arriver à cette pratique il y a, dans la formation de praticien en S.H.E.M.©, un module que j'appelle « préparation du praticien » qui représente plus de 300 heures de théorie et de travaux pratiques sans compter les exercices à faire et à refaire pour arriver à cette maîtrise.

# Chapitre 23

## La formation en S.H.E.M.©

### *Formations longues*

Formation professionnelle longue : 1450 heures
Praticien en S.H.E.M.©
Un cours solide, bien construit qui change votre vie !
Cours semi-privé ou collectif

Les médecines douces attirent de plus en plus de monde. Certaines font même leur entrée dans le secteur hospitalier, preuve d'une réelle efficacité.

Ces métiers reliés aux médecines douces ne sont plus aujourd'hui une aventure incertaine. La demande grandissante du public est bien réelle et les débouchés sont en pleine croissance.

Ces personnes ont besoin de professionnels parfaitement formés, autonomes et aptes à répondre aux attentes d'une clientèle de particuliers et d'entreprises de plus en plus exigeante en recherche du mot maître : « bien-être global. »

Notre objectif majeur est de vous former en tant que praticiens en S.H.E.M.©, professionnels du bien-être, en vous enseignant des techniques et méthodes de soins corporels de qualité exceptionnelle, ainsi que des outils de traitement du mal-être psychique de la personne.

En tant que stagiaire, la formation vous permettra d'être à même d'établir un bilan énergétique global de la personne, ce qui vous permettra de cibler vos conseils et vos soins sur des disharmonies énergétiques, biologiques et psychiques entraînant ces pathologies physiologiques et un mal de vivre certain.

## *Objectif du programme*

Cette formation en S.H.E.M.© vise d'abord à vous faire connaître les facteurs naturels de santé. L'organisation mondiale de la santé (OMS) définit la santé humaine comme étant une santé physique, mentale, sociale complète. « Un corps sain dans un esprit sain. » De ce fait, cette formation offre une approche globale de la santé.

- Vous développerez des connaissances en énergie, énergie électromagnétique, énergie biologique, et énergie universelle, et ce, dans différentes traditions et cultures. Vous apprendrez et développerez des facultés à manipuler ces outils énergétiques d'une façon sécuritaire et efficace pour vous-même et ceux que vous soignerez. Cet enseignement se fera au rythme de votre assimilation des différentes techniques.

- Vous aurez à votre disposition tous les outils nécessaires aux traitements énergétiques à prodiguer pour guider les personnes qui sont dans la souffrance ou qui, simplement, souhaitent prendre soin de leur équilibre tant physiologique que psychique vers une responsabilité et une maîtrise de leur vie et de leur bonheur.

- Ce volet vous permettra d'acquérir les techniques propres au S.H.E.M.©, des différents protocoles d'intervention en Soin Énergétique de base, en Optimisation du système lymphatique© (OSL), en Massage Énergétique Rénovateur© (MER) et en Réinitialisation Cellulaire© faisant de vous un véritable praticien en S.H.E.M.©.

- Parallèlement à ces cours, vous pourrez acquérir des connaissances en anatomie, en physiologie, en biologie cellulaire et en pathologie, non pas pour établir un diagnostic, car seul un docteur en médecine est habilité à le faire, mais pour la compréhension du travail énergétique complexe et grandiose du corps humain.

- Le corps humain étant pris dans sa plus large expression, vos connaissances seront axées sur les interactions entre le corps et l'esprit, le contrôle et les effets des émotions sur votre harmonie personnelle et celle des personnes que vous aurez à aider.

Cet ensemble de domaines sera complété par l'étude partielle des bases d'une alimentation saine et harmonieuse, l'étude des huiles essentielles, des fleurs de Bach et de l'utilisation des plantes.

De toute évidence, ces approches vous seront d'abord utiles à vous-même dans la maîtrise et le bien-être de votre vie personnelle. Il vous sera ainsi plus facile et cohérent de transmettre auprès des personnes qui viendront vous consulter les bienfaits de cette pratique expérimentée.

Le praticien en S.H.E.M.© s'engage solennellement à:
(extrait du règlement de l'association)

**Association professionnelle des praticiens en S.H.E.M.©**

- ne jamais faire partie de la moindre secte;

- ne jamais soigner un mineur sans la présence d'un adulte de sa famille;

- être toujours dévoué, prévenant et respectueux;

- garder le secret professionnel vis-à-vis de ses receveurs;

- demander des honoraires raisonnables où seul le temps passé et éventuellement le déplacement sont comptés, mais jamais les énergies qui, elles, doivent toujours être données;

- entretenir les meilleurs rapports avec tous ses confrères dans la courtoisie et l'amitié ;

- ne jamais faire de publicité sans l'accord écrit de Monsieur Giulio Fioravanti ;

- ne jamais faire de diagnostic, ni prescrire de médicament, ni quoi que ce soit de similaire, sauf s'il est professionnellement habilité à le faire ;

- ne pas critiquer les décisions d'un médecin ou d'un chirurgien ;

- ne jamais dire d'arrêter ou de modifier un traitement, sauf s'il est professionnellement habilité à le faire ;

- ne jamais pratiquer d'actes médicaux ou chirurgicaux si le praticien ou la praticienne n'est pas habilité à les prodiguer.

**Il est à noter que seul un médecin a le droit d'établir le diagnostic médical et de prescrire les produits nécessaires au bien-être du patient. Le praticien en S.H.E.M.© ne prescrit rien, ne remplace pas le médecin et ne donnera aucun avis sur les traitements médicaux en cours. Ces soins sont complémentaires à la médecine dite traditionnelle.*

# Conclusion

On attribue l'histoire suivante à Albert Einstein, bien que celui-ci ait nié l'existence de ce dialogue avec le professeur. Néanmoins, l'auteur inconnu a fait ici une brillante réflexion de ce que peut être la source de la maladie et du mal-être.

Un professeur universitaire défia ses élèves avec cette question: « Est-ce que Dieu a créé tout ce qui existe ? » Un étudiant répondit bravement: « Oui, Il l'a fait ! »

Le professeur dit: « Dieu a tout créé ?

— Oui, Monsieur », répliqua l'étudiant. Le professeur répondit: « Si Dieu a tout créé, il a donc aussi créé le mal puisque le mal existe et selon le principe de nos travaux qui définissent ce que nous sommes, alors Dieu est mauvais. »

L'étudiant fut silencieux devant une telle réponse. Le professeur était tout à fait heureux de lui-même et il se vantait devant les étudiants d'avoir su prouver encore une fois que la foi en un dieu était un mythe.

Un autre étudiant leva sa main et dit: « Puis-je vous poser une question, professeur ?

— Bien sûr», répondit le professeur. L'étudiant répliqua: «Professeur, le froid existe-t-il?

— Quel genre de question est-ce cela? Bien sûr qu'il existe. Vous n'avez jamais eu froid?» dit le professeur.

Le jeune homme dit: «En fait, monsieur, le froid n'existe pas. Selon la loi de la physique, ce que nous considérons être le froid est en réalité l'absence de chaleur. Tout individu ou tout objet possède ou transmet de l'énergie. La chaleur est produite par un corps ou par une matière qui transmet de l'énergie. Le zéro absolu (-460°F) est l'absence totale de chaleur; toute la matière devient inerte et incapable de réagir à cette température. Le froid n'existe pas. Nous avons créé ce mot pour décrire ce que nous ressentons si nous n'avons aucune chaleur.»

L'étudiant continua. «Professeur, l'obscurité existe-t-elle?» Le professeur répondit: «Bien sûr qu'elle existe!

— Vous avez encore tort, Monsieur, l'obscurité n'existe pas non plus. L'obscurité est en réalité l'absence de lumière. Nous pouvons étudier la lumière, mais pas l'obscurité. En fait, nous pouvons utiliser le prisme de Newton pour fragmenter la lumière blanche en plusieurs couleurs et étudier les diverses longueurs d'onde de chaque couleur. Vous ne pouvez pas mesurer l'obscurité. Un simple rayon de lumière peut faire irruption dans un monde d'obscurité et l'illuminer. Comment pouvez-vous savoir l'espace qu'occupe l'obscurité? Vous mesurez la quantité de lumière présente. N'est-ce pas vrai? L'obscurité est un terme utilisé par l'homme pour décrire ce qui arrive quand il n'y a pas de lumière.»

Finalement, le jeune homme demanda au professeur: «Monsieur, le mal existe-t-il?» Maintenant incertain, le professeur répondit: «Bien sûr, comme je l'ai déjà dit. Nous le voyons chaque jour. C'est dans les exemples quotidiens de l'inhumanité de l'homme envers l'homme. C'est dans la multitude des crimes et des violences partout dans le monde. Ces manifestations ne sont rien d'autre que du mal!»

L’étudiant répondit : « Le Mal n’existe pas, Monsieur, ou du moins il n’existe pas de lui-même. Le Mal est simplement l’absence de Dieu. Il est comme l’obscurité et le froid, un mot que l’homme a créé pour décrire l’absence de Dieu. Dieu n’a pas créé le mal. Le Mal n’est pas comme la foi ou l’AMOUR qui existent tout comme la LUMIÈRE et la chaleur. Le Mal est le résultat de ce qui arrive quand l’humain n’a pas l’AMOUR dans son cœur. Il est comme le froid qui vient quand il n’y a aucune chaleur, ou l’obscurité qui vient quand il n’y a aucune LUMIÈRE. » Le professeur s’assit, abasourdi par une telle réponse. Selon la rumeur polulaire, le nom du jeune étudiant était Albert Einstein.

Certains pourront peut-être me reprocher que cet ouvrage n’a rien de scientifique et que ce que j’avance n’est basé sur aucun fondement. C’est possible. Je répondrai simplement que ce livre n’a pas pour but de révolutionner la pensée scientifique et encore moins de contredire ce qui est pris comme vérité absolue.

C’est le fruit d’un humain conscient, curieux, cherchant, se découvrant et voulant sortir de la « caverne » et tenter d’être le cocréateur de son existence dans un environnement de paix, de joie et d’harmonie.

Alors je laisse aux plus érudits la liberté de me critiquer s’ils le souhaitent et j’offre aux autres une façon d’appréhender la réalité, afin de peut-être contribuer à les amener en conscience d’eux-mêmes et de l’amour inconditionnel qu’ils doivent se porter… et de peut-être vivre ou de tendre vers cette transmutation de la matière vile en or, au fond de toutes leurs cellules et de leur être physique, psychique, et si j’osais, je dirais spirituel.

# Bibliographie

ARNTZ, William, Betsy CHASSE, et Mark VICENTE. *Que sait-on vraiment de la réalité ?* Outremont, Ariane Éditions, 2006, 276 pages.

BASQUIAST, Jean-Paul. « Sciences de la complexité et vie politique, Tome 1 : comprendre », Éditions Automates Intelligents, Paris, février 2003, 161 pages.

BEAUREGARD, Mario, et Denyse O'LEARY. *Du cerveau à Dieu*, Paris, Guy Trédaniel, 2009, 350 pages.

BELZUNG, Catherine. *Biologie des émotions*, Bruxelles, De Boeck, 2007, 481 pages.

BLOOM, Howard. *Le principe de Lucifer,* Paris, Le jardin des livres, 2002, 424 pages.

BOLTE TAYLOR, Dr Jill. *Voyage au-delà de mon cerveau*, Paris, J'ai Lu, 2006, 224 pages.

BOUKARAM, Christian. *Le pouvoir anticancer des émotions*, Montréal, Éditions de l'Homme, 2011, 176 pages.

BRADEN, Gregg. *La guérison spontanée des croyances*, Outremont, Ariane Éditions, 2008, 305 pages.

BRADEN, Gregg, et Lynn LAUBER. *Des liens Quantiques*, Québec, Le Dauphin blanc, 2013, 144 pages.

BRAVERMAN, Dr Eric. *Un Cerveau à 100 %*, Vergèze, Thierry Souccar Éditions, 2007, 344 pages.

BRENNAN, Barbara Ann. *Le pouvoir bénéfique des mains*, Paris, Tchou, 1987, 496 pages.

BRONCHART, J.P. *Théorie du langage*, Bruxelles, Pierre Mardaga Éditeur, 1977, 362 pages.

CHURH, Dawson Ph. D. *Le génie dans vos gènes*, Outremont, Ariane Éditions, 2013, 426 pages.

DRAPEAU, Christian. *Le pouvoir insoupçonné des cellules souches*, Montréal, Éditions de l'Homme, 2010, 248 pages.

HANSON, Rick, et Dr Richard MENDIUS. *Le cerveau de Bouddha*, Paris, Les Arènes, 2009, 297 pages.

HIRSCHHAUSEN, Eckart Von. *Le bonheur*, Montréal, Éditions Caractère, 2011, 292 pages.

JANSSEN, Thierry. *La solution intérieure*, Paris, Fayard, 2006, 384 pages.

JANSSEN, Thierry. *Le défi positif*, Paris, LLL, 2011, 379 pages.

KRISHNAMURTI, Jiddu. *Face à soi-même*, Montréal, Presse du Chatelet, 2011, 305 pages.

KRISHNAMURTI, Jiddu. *La flamme de l'attention*, Paris, Éditions du Rocher, 1988, 220 pages.

LIPTON, H. Bruce, Ph. D. *Biologie des croyances*, Outremont, Ariane Éditions, 2006, 264 pages.

LIPTON, H. Bruce et Steve BHAERMAN. *Évolution Spontanée*, Outremont, Ariane Éditions, 2011, 515 pages.

MARENDAZ, Christian. *Du regard à l'émotion ; la vision, le cerveau, l'affectif*, Paris, Les essais du pommier, 2009, 168 pages.

PROULX, Jean. *En Quête de sens*, Montréal, Le Jour, 2011, 302 pages.

REGARD, Jacques. *Les émotions tout simplement*, Paris, Eyrolle, 2007, 368 pages.

SERVAN-SCHREIBER, David. *Guérir : le stress, l'anxiété et la dépression*, Paris, Robert Laffont, 2003, 341 pages.

SIMONETON, André. *Radiation des aliments, ondes humaines et santé*, Paris, Le Courrier du Livre, 1971, 301 pages.

ST-BONNET, Georges. *Initiation et pouvoirs*, Éditions A.G.I., 1966, 171 pages.

TOLLE, Eckhart. *Mettre en pratique le pouvoir du moment présent*, Outremont, Ariane Éditions, 2002, 116 pages.

TOLLE, Eckhart. *Nouvelle Terre*, Outremont, Ariane Éditions, 2005, 272 pages.

TOLLE, Eckhart. *Unité avec toute vie*, Outremont, Ariane Éditions, 2009, 166 pages.

WILKS, Frances. *Les émotions : une intelligence à cultiver*, Gap, Le souffle d'or, 2000, 349 pages.

## Références internet

http://www.citation-celebre.com/citation/pardon

Mémoire sur la découverte du magnétisme animal, Franz Anton Mesmer, 1779, [http://gallica.bnf.fr/ark:/12148/bpt6k75421p].

http://www.corpus-energie.ca

http://www.linebolduc.com

http://www.wikipédia.org

http://www.giuliofioravanti.com

http://www.solutionssantejoiedevivre.com

http://www.sciencebasedmedicine.org/death-by-medicine/

# À propos de l'auteur

**Giulio Fioravanti** est naturopathe, auteur, conférencier, formateur et praticien en santé globale et créateur du S.H.E.M. ©. Il est né en Belgique et a vécu aussi en Italie et en France. Il vit au Québec depuis 1996.

Ses études (Belgique) l'ont amené à être formé en sociologie, doctrine sociale, organisation des entreprises, droit social comparé, psychologie industrielle, économie et à cela se sont ajoutées diverses formations en lien avec la santé globale.

Son expérience personnelle et professionnelle fait de lui un être passionné par la santé, par l'évolution et le mieux-être de l'humain dans toutes ses sphères. Pendant 25 ans, il a œuvré comme entrepreneur (direction de spectacle, import – export, gestion d'une chaîne de neuf magasins de vente au détail, président d'une compagnie de désamiantage avec à son actif le Centre Pompidou notamment, a présenté des centaines de conférences et de formations en Europe et au Québec, etc.). Il cumule en plus une vaste expérience en consultation privée.

Il sait ce que ça représente que de monter une équipe de travail, de gérer le leadership, de comprendre les hauts et les bas des gens et de les aider, d'avoir un esprit de synthèse, de canaliser les forces de chacun, etc.

En appui sur ces expériences, il a fait un virage professionnel qui l'a amené à étudier en santé. Il a toujours eu un sens inné pour la recherche, la culture, le mieux-être, et affectionne particulièrement tout ce qui touche la santé globale. De là, il a créé sa propre méthode d'intervention en santé globale.

Il intervient aussi au niveau de l'harmonisation du système lymphatique. Il a fait des conférences à ce jour qui touchent une multitude de sujets portant entre autres sur les émotions, la prévention de la santé, le maintien d'une bonne efficacité immunitaire, comment soutenir la guérison émotionnelle et physique, etc.

Il intervient donc sur les dérèglements énergétiques, physiologiques et psychiques qui causent bien des pathologies : douleurs chroniques ou ponctuelles, fibromyalgie, dépression, stress, angoisse, peur, mauvaise circulation, jambes lourdes, dérèglement ou mauvaise gestion des émotions, choc émotif, etc.

Son approche nouvelle permet d'unifier sciences, conscience et bien-être. Elle permet aussi d'extraire les énergies néfastes qui favorisent les pathologies et de vous amener à un état de santé optimal global, tant au niveau du corps que de l'esprit. Il reçoit des personnes du Canada, des Antilles, des États-Unis et de l'Europe. Ses bureaux sont à Montréal, à Victoriaville, à Beaumont (Lévis) et à Magog. Son approche n'est pas seulement une méthode de soins, mais aussi un art de vivre, de bien-être s'adressant à tout environnement professionnel, par exemple, pour réduire l'absentéisme, maximiser le potentiel de chacun, etc., dans le but de favoriser la communication constructive et valorisante et la cohésion de groupe tout autant que l'aspect personnel (santé, équilibre, bien-être).

www.corpus-energie.ca